수상한 과학

수상한 과학

전방욱 지음

풀빛

감사의 글

원고를 써간지 거의 3년 동안 묵묵히 지켜봐 주신 부모님과 가족들에게 고마운 마음으로 이 책을 드리고 싶다. 지역에서 시민운동을 함께 하고 있는 분들은 '학문적으로 뛰어나기보다는 삶 속에서의 실천이 중요하다'는 것을 만날 때마다 깨닫게 해주셔서 존경하고 있다. 초고를 읽고 문제점을 지적해 준 김만재 교수님과 이경신 양에게 감사드린다. 흔쾌히 출판을 약속해주신 홍석 사장님과 난삽한 원고에 책이라는 옷을 입혀준 풀빛 식구들에게도 고마움을 전하고 싶다. 이 책은 2001년도 강릉대학교 기성회 학술연구조성비의 도움을 받아 쓸 수 있었기에 감사드린다.

2004년 1월
강릉에서 전방욱

책 머리에

과학자 구보씨의 하루

자명종이 따르릉 울리자, 구보씨는 거의 기계적으로 손을 뻗어 버튼을 눌렀다. 그러면서 잠시 주변을 둘러봤다. 희끄무레한 새벽빛 사이로 물체들의 윤곽이 드러나기 시작했다. 여기가 어딘가? 몽롱한 가운데서 기억을 추스르고 있는데, 침낭 사이로 삐져나온 발에 한기가 스며들기 시작했다. '아 그렇구나, 실험실이구나' 라고 깨닫게 되면서 '일어나야지' 라고 생각했지만, 몸이 마음대로 따라주질 않았다. 조금만 더 침낭 속에 있고 싶었다. 어제도 늦은 시각에 잠자리에 들었지만 밤새도록 꿈자리가 뒤숭숭했던 것이다.

시간에 몰리면서 한 가지 마무리 실험을 하고 싶었지만 뜻대로 되지는 않았다. 실험을 서둘러 하면 꼭 무언가가 잘못되는 법이라고 구보씨는 생각했다. 좋은 전기영동 사진을 얻고 싶었지만 한순간에 다 글러버렸던 것이다. 아침 나절부터 시료를 추출하고 전기영동 겔을 만들고 마지막에 형광 밴드를 조사해보니까 선명한 단일 밴드로 나와야 할 것이 흐릿하게 마치 두 줄인 것처럼 퍼져 있었다. 경향은 확실히 파악할 수 있겠는데 왜 이런 결과가 나오는지 도대체 알 수 없는 노릇이었다. 다음날을 위해 실험도구를 세척하고 뒤늦게 잠자리에 들었지만 도무지 잠이 오지 않았다. 엎치락뒤치락하다가 어느덧 잠이 들었나보다.

　구보씨는 이렇게 한가롭게 시간을 죽이고 있을 때가 아니라는 생각이 퍼뜩 들었다. '아 오늘은 내가 도축장에 가서 소와 돼지의 난소를 골라오는 당번을 하는 날이구나.' 도축장에서 험한 일을 하는 인부들의 기분을 상하지 않게 하면서 난소를 골라내는 작업은 지저분하다기보다 비위가 상하는 일이었다. 피를 뒤집어 쓴 앞치마를 입은 인부들이 왔다갔다하는 틈을 비집고 신선한 난소를 골라오는 일은 그들을 성가시게 하는 것이었다. 그래서 구보씨가 가끔 술값이나 쥐어주면 어쩌다 그들은 난소를 따로 모아두기도 했다. 어쨌거나 그날의 당번인 실험실원들은 보온병에다 난소를 담아 행여 활성이 떨어질세라 부리나케 실험실로 돌아와야 했다. 실험실에 돌아와서 아직도 김이 모락모락 솟아오르는 난소에서 주사기를 사용해 난자를 채취한 다음 인큐베이터에서 성숙시킨다. 전날 성숙시킨 난자를 현미경으로 골라내는 것은 그 다음의 작업이다. 어쨌건 미세조작기를 사용해서 살아 있는 난자를 붙잡은 상태에서 핵부분에 작은 빨대를 꽂아 핵을 뽑아내는 것은 얼마나 또 성가신 일이던가. 문제의 대부분이 이곳에서 발생하는 것이다. 핵을 제거한 난자에 사람의 귓바퀴에서 뽑아낸 세포를 섞어 전기로 융합하면 이종배아 수정란이 만들어진다. 이 수정란이 난자의 영양물질을 먹고 자라면 체세포를 제공한 사람과 똑같은 유전자를 지닌 복제배아로 발달하게 된다.

　하나의 세포였던 복제수정란은 7일 뒤 약 150개의 세포로 구성된 크기 0.12mm에 달하는 배반포 단계의 배아로 성장한다. 이때

배아는 개체로 성장할 내부의 세포 덩어리와 이를 에워싸는 영양배엽세포로 분화된다. 영양배엽세포는 나중에 태반이 된다. 내부의 세포덩어리를 특수한 배양세포에서 키우면 줄기세포가 되는 것이다. 14일 이전의 배아는 신경세포가 발달하지 않았기 때문에 이것을 사용하는 것은 윤리적으로 아무런 문제가 없다고 구보씨는 믿고 싶다. 우리나라에서 한 해에 150만건이나 되는 불법적 낙태가 이루어지는데 비하면 세포덩어리를 가지고 생명은 존엄하다느니, 수정되는 순간부터 인간이니 하는 주장은 먹히지 않는다고 구보씨는 생각한다. 여기에서 만들어진 줄기세포에서 210여종의 각종 세포가 만들어지는 것이 신기하지 않은가? 분화된 신경세포가 파킨슨씨 질병을 가진 환자를 치료할 수 있고 심장근육세포가 심장마비 환자를 치료할 수 있다면 이것이야말로 기적이 아닌가? 한번이라도 우리 실험실을 방문해서 줄기세포에서 만들어진 힘차게 뛰는 심장근육세포를 본 사람들은 모두 놀라워 하지 않았던가? 그럴 때마다 구보씨는 피곤과 생활고에 항상 시달리면서도 실험실에서 연구하고 있는 자신이 뿌듯하게 생각되었다.

그런데 이렇게 묵묵하게 연구에만 몰두하고 있는 사람들을 격려하지는 못할망정 돌팔매를 던지는 사람들은 또 무어란 말인가? 구보씨는 그런 사람들의 따가운 눈총을 받을 만한 잘못을 저지르지 않았다고 생각한다. 지도교수님의 말마따나 난치병 환자의 치료를 위해서, 그리고 자신을 위해서는 개인적으로 성실한 죄밖에 없다고 구보씨는 자신들을 논박하는 사람들에게 말하고 싶다. 지금 교수님께서는 난치병 환자들의 보다 나은 치료를 위해서 윤리적인 문제가 있다고 주장하는 복제배아 실험을 온몸으로 막고 계신거나 다름없다고 어제 세미나 시간에 피곤한 모습으로 설명하시던 교수님이 구보씨는 애처롭기까지 했다. 아마 며칠 전 토론회에서 일방적으로 사회단체들에 당한 모양이다. 실험 시간이 빠듯해서 가보기가 좀처럼 어렵지만 구보씨도 없는 시간을 쪼개어 교수님을 따라서 두어 번 그런 모임에 가본 적이 있지만 늘 억울한 질타를 당하고 계신다고 생각했다.

오늘도 복제배아의 연구가 진척되기를 안타깝게 기다리는 환자들의 얼굴과 음성이 들려오는 것 같다. 그리고 그들의 안타까움을 다시금 되새기고는 피곤한 몸을 일으킨다. 구보씨는 다시 오늘 할 일을 정리해본다.

책을 쓰면서

나는 거의 30년간을 생명과학을 공부하며 살아 왔다. 내 관심은 주로 실험실 작업을 통한 생명 현상의 규명에 있었다. 구보씨처럼 아침 일찍 실험실에 출근하여, 플라스크나 시험관과 씨름하다 보면 하루가 훌쩍 지났다. 대개는 저녁에 집으로 돌아가지 못하고 실험실 한 구석의 간이침대에 누워서 낮에 일했던 내용을 이리저리 반추하다가, 가끔은 내가 왜 이런 일을 하고 있는가 생각해 보는 것이 고작이었다. 이처럼 매일매일의 구체적인 과학적 과제와 씨름하다 보면 연구계획서에 써있는 연구 목적, 기대 성과와 활용 방안 등은 잊혀지기 마련이었다. 애초에 과장은 아니었다고 하더라도 실제적인 과학 문제 해결에는 연구계획서의 다소 원대한 목표가 거의 도움이 되지 않았다.

그런 과학 활동을 하다가 왜 갑자기 과학 활동의 의미와 그 영향에 대해 질문을 하게 되었을까? 대학 다닐 무렵, 일찌감치 과학의 사회적 책임을 깨닫고 열심히 활동하던 친구들이 주변에 여럿 있었고, 대학원 박사과정을 수료한지 얼마 지나지 않아서도 과학사 및 과학철학 협동과정이 개설되었다고 기억된다. 그 과정에 대한 어렴풋한 동경이 없는 것은 아니었지만 실험과 학위논문 작성의 분망함 속에 나의 관심은 묻혀버렸다. 지역에서 환경운동에 관여한 것도 한가지 이유가 될 수 있을까?

과학기술에 근거한 산업사회는 필연적으로 위험을 동반한다고 독일의 사회학자 울리히 벡은 일찍이 지적한 바 있다. 생명공학의 위력이 우리의 삶을 점점 더 지배해가고 있는 이때에, 무엇보다도 과학자들이 생명공학의 상품화를 맹목적으로 추종하며 일반인들을 대상으로 효용과 가치만을 역설하고 생명과학자 중의 어느 누구도 그 위험성을 지적하지 않고 있다는 사실이 내게는 충격이었다. 모 일간신문에서 생명공학 개발의 당위성을 주장하는 어느 교수의 의견에 일회적으로 반론을 펼친 적도 있었지만, 보다 체계적인 정리가 필요하다고 느낀 바 있었다. 어떻든 생명윤리에 대해서, 그 중에서도 생명공학에 접근하는 과학자들의 태도에 대해서 한번은 정리를 하고 싶었다.

마침 연구비를 지원 받아 이러한 책을 쓰겠다는 만용을 부려보기로 하였다. 기존의 책들이 주로 다른 학문을 전공한 학자들에 의해서 쓰여졌다면, 생명과학자로서 관련 학술논문들을 바탕으로 생명공학의 정황을 정확하게 짚어줄 수 있지 않겠느냐는 것이 원래의 생각이었다. 처음으로 책을 써보리라 분에 넘치는 욕심은 내보았으나, 간결한 과학 논문만 써오다가 호흡이 긴 글을 쓰려니까 글쓰기의 훈련을 제대로 해보지 못한 것을 절감하였다.

'수상한 과학'이라고 이름을 붙인 것은 생명공학의 이익이나 위험성 모두가 불명확하다는 점을 지적하려는 뜻에서다. 과학적 증거에 입각해 생명공학의 이익을 증명한 논문은 거의 없으며, 위험성에 관해서는 충분한 연구도 이루어지지 않았다. 그렇다면 생명공학은 이익이나 위험성에 대한 합리적인 검토 없이 진행되고 있는 셈이다. 어떤 경우에는 급속하게 발전하고 있는 생명공학이 만들어낸 결과물이 윤리적 검토보다 훨씬 앞서 나가고 있기 때문에, 생명과학자들은 윤리적 회색지대를 헤매는 듯한 느낌이다.

과학자들은 생명공학을 개발하고 이를 대중에게 전파하는 것으로 자신의 책임을 다했다고 생각하는 경향이 강하다. 선량한 목적으로 개발한 기술이니 이것을 어떻게 사용하느냐 하는 것은 대중, 또는 소비자의 몫이라는 것이다. 그런데 생명과학자들은 자신들의 진의가 막무가내로 생명공학을 반대하는 사람들에 의해서 때때로 왜곡된다고 생각한다. 대다수의 과학자들은 생명공학 반대자들이 비합리적이라는 결론을 내린다. 반면에 대중들은 과학자들이 무조건적인 발전 논리를 추구한다고 생각한다. 만약 두 상대자들이 진지하게 이런 태도를 가지게 되었다면 서로 간에는 상당한 오해가 존재하는 셈이다. 생명과학자들과 대중과의 소통이 필요한 까닭이 여기에 있다. 생명공학이 발전하기 위해서는 생명과학자의 노력만으로는 부족하다. 대중은 생명공학의 수혜자인 동시에, 생명공학을 가능케하는 지지자이자 비판자이다. 그러므로 대중은 생명공학의 발전 방향을 결정하는 행위자이다. 생명과학자들은 대중에게 과학의 내용이나 성과를 알릴 의무가 있을 뿐만 아니라 윤리로 자신을 무장해야만 한다. 생명과학은 발전적 도구가 되기 이전에 현대를 살아가는 사유적 이성이 되어야 하며, 이를 통한 상호간 신뢰의 구축으로 나아가야 한다.

사회학자나 인문학자들이 생명과학의 방향을 제시해 주려고 노력하고 있다면, 과학자의 입장에서 생명공학 관련 지식을 바탕으로 그 방향을 제대로 잡을 수 있게 도와주는 것은 보람 있는 일일 것이다. 그런 의미에서 나는 자신만의 음색으로 독특하게 생명공학에 대한 의견을 펼치려고 하는 것이다. 나는 생명공학의 발달을 주의깊게 비관적으로 바라본다. 생명공학이 농업과 의학에서 상당한 진보를 가져올 것은 사실이지만, 과학자들의 의식이 바뀌지 않는 한 사회, 경제, 정치적인 문제를 더욱 심화시킬 수 있다고 생각한다. 통제되지 않는 과학기술은 위험하다는 것이 나의 생각이다. 그래서 생명공학의 이점이나 위험성에 대한 지적보다는 생명공학을 둘러싼 상황 속에서 과학자들이 어떤 관점을 가져야 하며 어떻게 행동해야 하는지에 중점을 두고 책을 쓰려 했다.

생명공학의 발전을 가능한 한 주의 깊게 살펴보고자 하는 사람으로서 이전의 책들이 객관적이라기보다는 주관적인 자신의 주장만을 강요한다는 느낌을 지울 수 없었다. 학문적인 입장에서 비교적 중립적으로 쓰여진 책도 있으나 일반인이 쉽게 읽을 수 없는 단점이 있어 이 책은 '대중의 과학 이해'를 목표로 삼아 보다 쉽게 쓰려고 노력하였다. 말하자면 '수상한 과학'은 전문성을 바탕으로 쉽게 읽을 수 있도록 구성한 책이다. 오랫동안 자연과학 논문을 써오던 터라 제대로 종합하지 못했거나, 타성에 젖은 나머지 어렵게 써내려간 부분도 있을 것이다. 또한 유전자 연구 등과 같은 생명공학의 연구성과나 영향을 모두 아우르지 못한 아쉬움도 남는다. 모든 점을 종합하는 보다 본격적인 책은 훗날을 기약할 수밖에 없겠다.

'제1장 더럽혀진 성물'에서는 멕시코의 토종 옥수수가 변형 유전자에 의해 오염되었다는 논문이 세계적으로 유명한 학술잡지인 『네이처』에 게재되었다가 다시 취소된 사건을 중심 삽화로 하여 유전자 변형 식물을 둘러싼 이해 관계를 다루고 있다. 과학 연구 결과의 완결성에 대한 공방을 중심으로 유전자 변형 식물에 대한 부정적인 발표를 막으려는 생명공학 산업체와 환경운동가 사이의 알력, 산업체의 연구비를 받는 과학자들과 독립적인 과학자들의 대결, 학술지가 담보해야 하는 과학적 진리와 산업체의 재정적 지원 사이에서 겪는 이익의 충돌 등 생명과학자가 처한 복잡한 상황을 알려준다.

'제2장 쓰레기 과학'에서는 유전자 변형 작물을 옹호하려는 과학자와 비의도적인 부작용을 염려하는 과학자의 대결을 그린다.

생명과학자들은 반과학적인 환경운동의 배후세력을 의심하며 안전성을 강조하는 과학자의 활동을 쓰레기 과학으로 매도한다. 그러나 대부분의 연구가 개발 위주로 진행되고 안전성에 대한 연구는 별로 없는 상황에서는 아무리 과학적인 증거가 빈약하더라도 위험성을 지적하는 의미 있는 신호가 될 수 있다는 점과 왕나비 논쟁을 통하여 생태계에 미치는 유전자 변형 식물의 연구가 본격적으로 시작되는 등 이들의 지적이 안전성 연구에 상당한 의미를 지니고 있다는 점을 강조한다.

'제3장 죽지 않으니 먹어라'에서는 유전자 변형 식품의 사용 근거로 제시되는 실질적 동등성에 대해 알아보고, 이것이 완벽한 근거는 되지 못한다는 것을 논증하고 있다. 소비자는 안전하다는 이유만으로 식품을 선택하지 않는다. 유전자 변형 식품은 소비자의 권리뿐만 아니라 종교적인 믿음과 세속적인 가치관까지도 위협한다. 또한 이는 농업의 구조에도 영향을 미치는데, 이를 방지하기 위한 조치로 라벨링과 유럽연합 등의 예방 조치에 대해 알아본다.

'제4장 내일은 배부를까?'에서는 유전자 변형 식품이 녹색혁명처럼 세계의 인구를 모두 먹여 살린다고 약속했지만, 미래를 담보하는 치명적인 기술이라는 점을 먼저 지적한다. 또한 유전자 변형 작물의 개발 근거로 사용되는 세계 인구 증가를 따라잡는 생산성의 획기적인 증가는 생명공학기업의 희망일 뿐이며, 실제로 식량 부족은 돈이 없어서 식량을 구매할 수 없는 계층이 존재하는 등의 분배 문제에서 기인한다. 또한 유전자 변형 작물은 오히려 빈곤을 심화시킬 뿐, 유전자 변형 식품이 구조적인 식량 부족 문제를 해결해줄 수 없다는 사실을 강조한다.

'제5장 화물 숭배 신화'에서는 유전자 변형 작물을 통한 이익을 독점하고 있는 생명공학 기업이 이익을 극대화하기 위해 비도덕적인 기술, 지적재산권 강화, 타회사와의 합병 등을 전략으로 사용하고 있음을 지적한다. 특히 국제적인 협약을 통하여 개도국의 지적재산권을 침탈하는 문제점을 지적하고 이의 개선책을 생각해본다. 또한 과학자들이 지적재산권에 얽매임으로써 과학의 개방성이 붕괴되고, 결국 대중에게 적은 혜택이 돌아가게 된다는 사실을 제시한다.

'제6장 복제인간'에서는 클로네이드라는 유사종교단체의 복제인간 탄생 발표 해프닝과 복제인간이 등장하게 된 배경, 이에 따른 문제점을 논의한다. 인간배아복제는 난치병을 치료하기 위한 배아줄기세포를 만들기 위한 방법인데, 윤리적 문제와 안전성 문제가 뒤따를 수 있다. 이에 대한 윤리적 문제 해결의 대안기술로 성체줄기세포, 탯줄혈액 등이 개발되었다는 점을 강조한다.

'제7장 豚벼락 돈벼락'에서는 이식용 장기로 사용하기 위한 복제돼지 개발 현황과 이를 얻기 위한 경쟁 사례를 통하여 바람직한 생명공학 연구활동은 무엇인지 알아본다. 또한 시장을 선점하기 위한 경쟁이 산업체와 어떻게 연결되는지를 알아보고, 바이오산업의 장래성을 알아본다.

'제8장 섹시한 과학자'에서는 대표적인 생명과학자 사례를 통해서 언론에 각광을 받게 되는 계기를 알아본다. 기자회견이나 보도자료를 통해서 연구 결과를 알릴 때 선점권 및 연구비 확보 등 장점을 가질 수 있는 반면에, 다른 과학자의 재확인 없는 발표 때문에 과학의 완결성을 훼손하고 일방적인 정보를 제공하는 등의 단점을 가질 수도 있다. 또한 과학자들의 의식이 대중의 생명윤리의식에 미치지 못할 경우에도 대중의 신뢰를 받지 못하는 이유가 될 수 있다.

'제9장 반성적인 과학을 기대한다'에서는 기초과학과 응용과학을 구분하여 과학자들이 중립적인 태도를 지닐 수 없음을 지적하고, 과학자들이 생명공학에 대한 전문지식을 가지고 이익과 위험성을 철저하게 밝힐 윤리적 의무를 가져야 한다고 강조한다. 전문학회에서는 학회를 통해 자체적인 윤리지침을 만들고 있지만, 과학자는 이를 어기려는 경향이 강하며 이 문제를 해결하기 위해서는 생명윤리법에 의한 타율적 구속과 생명윤리 교육에 따른 자율적 규제가 필요하다는 점을 지적한다. 또한 대중의 참여와 다른 시각을 갖는 인문·사회학자들의 참여도 필요하다는 점을 강조한다.

우선 과학자들이 어떤 복잡한 정황 속에서 과학 활동을 해가는지를 먼저 알아둘 필요가 있을 것이다. 그럼 수상한 과학의 세계를 다 함께 방문해 보기로 하자.

contents

책 머리에 7

제1장 더럽혀진 성물 21

제2장 쓰레기 과학 49

제3장 죽지 않으니 먹어라 71

제4장 내일은 배부를까? 95

제5장 화물 숭배 신화 119

제6장 복제인간 151

제7장 豚벼락, 돈벼락 183

제8장 섹시한 과학자 203

제9장 반성적인 과학을 기대한다 227

주(註) 245

찾아보기 267

제1장

더럽혀진 성물

옥수수 소동
과학적 관점
원수 외나무다리에서 만나다
『네이처』, 무릎을 꿇다
벌집을 쑤시다
개들의 먹이

제1장

더럽혀진 성물

마야시대의 사람들은 옥수수를 성물(聖物)로 생각했다. 신들이 옥수수로 사람을 만들었기 때문이다. 동물들이 가져온 노란 옥수수와 하얀 옥수수에 신들은 반해버렸다. 아홉 가지나 되는 음료수를 만들 수 있으며, 먹으면 힘이 솟고 살이 오른다는 것을 깨닫고 이들은 옥수수로 사람의 몸과 근육, 피를 만들기로 했다. 창조자들은 사람을 만들 때 옥수수를 유일한 재료로 사용했다. 팔과 다리 등을 노란 옥수수와 하얀 옥수수로 만들고, 몸 속에 옥수수 덩어리를 집어넣었다. 그렇게 해서 모두 4명의 옥수수 사람이 만들어졌다.[1]

옥수수 소동

마야인의 후손인 멕시코인도 이런 옥수수를 자랑스럽게 생각했다. 수천 년 동안 옥수수는 이 지역의 사람들과 가축들을 먹여 살렸다. 하지만 최근에는 식품과 동물 사료 부족분을 메우기 위하여 미국에서 해마다 수백만 톤의 옥수수를 수입해야만 했다. 멕시코인은 이것만으로도 옥수수 종주국민으로서 엄청난 굴욕감을 느낄 만했다. 그런데 대량 재배지에서 무려 100km나 떨어진 오아하카Oaxaca라는 외딴 곳에서 자라는 토종 옥수수에서 변형유전자가 발견되었던 것이다.[2]

이 사실은 이들에게 엄청난 충격을 주었다. 마야인의 일상생활과 종교, 예술이 옥수수를 중심으로 이루어져 왔듯이, 멕시코인에게 옥수수는 먹는 것 이상의 문화와 종교적 의미를 함축하고 있었다. 유전자가 인간에 의해 오염되었다는 사실은 이런 신성성이 여지없이 더럽혀졌다는 것을 의미한다. 그래서 그린피스는 이 사건을 "오아하카의 성당을 부수고 맥도널드 판매점을 짓는 것보다 더 고약한 문화적 침략"이라고 불렀다.[3]

이런 변형유전자는 버클리대학의 대학원생이었던 데이비드 퀴스트David Quist에 의해 우연히 발견되었다. 2000년 가을, 퀴스트는 남부 멕시코의 시에라 노르테 데 오아하카Sierra Norte de Oaxaca 지역의 농민들을 대상으로 미국에서 수입된 옥수수에 변형유전자가 들어 있는지의 여부를 확인하는 수업을 할 예정이었다. 양성반응을 나타내는 시료로 사용하기 위해 퀴스트는 미국에서 변형 옥수수 DNA를 가지고 왔다. 또한 음성반응을 보여주기 위해서 그는 옥수수의 고향이라고 할 수 있는 오아하카에서 자란 크리오요 criollo라는 토종 옥수수를 사용하려고 했었다. 그러나 워크숍을 준비하는 동안에 퀴스트는 심상치 않은 결과를 얻었다. 그가 음성시료라고 준비한 옥수수가 양성반응을 보인 것이다. 이는 토종 옥수수가 변형유전자를 가지고 있다는 뜻이었다.

옥수수 식물이 기원한 멕시코 오아하카 지역은 옥수수의 생물학적 다양성이 가장 풍부하기로 유명하다. 멕시코의 국제옥수수밀개선센터가 보관하고 있는 종자은행에는 대략 1만여 종의 옥수수 종자가 있는데, 이중 멕시코산은 전체의 3분의 1정도에 해당하는 3천 5백여 종에 달한다. 이밖에도 등록이 되지 않은 것까지 포함하면 멕시코에 존재하는 옥수수의 종류는 모두 5천여 종 정도 될 것으로 추산된다.[4]

변형유전자가 전통적인 품종에 들어 있다는 것이 사실이라면, 멕시코로서는 상당히 우려할 만한 일이었다. 유전자 변형 작물을 수입하고는 있었지만, 1998년 멕시코 정부는 민족적인 작물이 교차수분되는 것을 막기 위해서 유전자 변형 옥수수를 심는 행위를 금지시켰다. 정부의 이런 금지조치에도 불구하고 전통적으로 수확한 옥수수의 일부를 종자로 심어온 농민들이 수입 종자의 일부를 심었을 가능성이 있다. 국제옥수수밀개선센터는 몇 년전 1헥타르의 밭에 단 한 줄의 옥수수를 심더라도 몇 년 내에 유전자 변형 옥수수가 전체면적의 65%를 점령하게 되고, 구태여 종자를 심지 않더라도, 특히 옥수수처럼 바람에 의해서 수분되는 종에서는 변형 작물이 결국 유전자 풀gene pool을 우점하게 된다는 연구 결과를 발표한 적이 있었다. 오지인 오아하카 지역에서 교차수분이 이루어지고 있다면 변형유전자를 추방하려는 정부의 노력은 물거품이 될 수도 있다는 뜻이었다. 그래서 퀴스트는 자신의 결과가 차라리 잘못된 것이기를 바랐다.

퀴스트를 지도하던 버클리대학의 이그나시오 차펠라Ignacio Chapela 교수는 귀국하여 시료를 다시 검정해 보라고 권유했다. 대학의 실험실에서 두 과학자는 더욱 엄격한 반복 실험을 통해 옥수수 유전자의 변형 여부를 연구했다. 여섯 개의 토종 시료 중 두 개는 변형유전자 음성반응을 나타냈으나, 네 개는 양성반응을 나타냈다. 퀴스트는 재래시장의 옥수수 시료도 검사했는데 이는 아주 강력한 양성반응을 보였다.

퀴스트와 차펠라는 변형유전자가 토종 옥수수 게놈의 어느 곳에 위치하는가를 알아내기 위해 변형유전자 DNA의 양쪽에 있는 서열을 증폭하는 역중합효소연쇄반응iPCR이라는 기술을 사용했다. 그 결과 자연적인 옥수수에서는 나타날 수 없는 서열들이 나타난다는 사실을 발견했고, 이 데이터에 근거하여 1 내지 10 %의 토종 멕시코 옥수수에 변형유전자가 들어 있을 것이라고 추정했다. 또한 외부에서 이식한 DNA가 조각난 상태로 옥수수의 게놈에 흩어져 있다가 한 세대에서 다음 세대로 전달될 수 있다고 주장했다.

만약 연구진의 이러한 결론이 정확하다면, 이는 생태학적으로, 그리고 정치적으로 엄청난 의미를 갖게 되는 것이었다. 유전공학

비판자들은 변형유전자가 토종 품종으로 침투하게 되면 여러 가지의 부정적인 효과를 야기할 것이라고 경고한다. 이들은 식품에서 알레르기 유발 물질 등과 같은 새로운 유해 물질을 만들어낼 수 있다. 더 나아가 생태계의 먹이사슬을 거쳐 다른 종들에게 전달되면 훨씬 해로운 영향을 끼칠 수 있다. 이를테면 곤충에게 치명적인 독소를 만드는 토양 박테리아 바실러스 서링기엔시스 Bacillus thuringiensis(Bt)의 독성유전자를 넣은 유전자 변형 작물이 곤충의 독소 내성을 키우게 되면 다시 화학살충제에 의존해야 할지도 모른다. 이 박테리아 독소를 무공해 농약으로 널리 사용해온 유기농법 농가들은 결과적으로 치명적 타격을 입게 된다. 또한 독성유전자가 유전자 변형 농작물 주변에서 퍼져 나가 곤충 생태계를 더욱 광범위하게 교란시킬 수도 있다. 토양에 최고 9개월 동안 잔류하는 독성은 지렁이 등 익충에도 부정적 영향을 미칠 가능성이 있다.

만약에 유전자 변형 작물로 인해 재래 작물의 입지가 축소되고 농업 유전자 다양성이 감소한다면 환경 변화에 취약한 작물 개체군만 남게 되기 때문에 1845~1851년 사이에 일어나 150만 명의 사람들을 굶어죽게 만든 불행한 아일랜드의 감자 기근과 같은 대재앙이 다시 일어날 수도 있다. 옥수수의 유전자 변형 꽃가루는 멕시코 옥수수의 선조인 테오신테teosinte를 수분시켜 아무리 농약을 쳐도 죽지 않는 수퍼 잡초로 바꾸어 놓을 위험성도 있다. 유전적 순수성의 보루라고 생각되는 오아하카의 언덕에서 유전자 변형 DNA가 발견되었다면 멕시코에서 상업적인 옥수수 생산이 이루어지는 계곡에서는 교차수분의 상황이 더욱 심각할 것으로 예상되었다.

　게놈 내의 서로 다른 부위에 변형유전자의 절편이 나타난다는 것은 더욱 중요한 의미를 갖는다. 한 세대에서 다음 세대로 유전자 변형 DNA가 전달될 때 조각이 날 수 있다는 생각도 유전공학자에게는 아주 낯선 개념이다. 그것은 유전공학이 안전하고 정확한 과학이며, 일단 새로운 DNA가 종 안으로 도입되면 어디로 들어가는지, 그것이 어떻게 발현하는지, 그리고 다른 식물로 어떻게 옮겨가는지를 사람이 정확하게 알 수 있고 통제할 수 있다는 전제 그 자체를 무너뜨리기 때문이다.

　그들은 이 결과를 정리해서 2001년 11월 세계적으로 유명한 영국의 학술지인 『네이처』에 투고하였다. 익명의 전문가로 이루어진 심사진이 여덟 달 동안 네 번의 엄격한 심사를 하는 동료심사제도를 거쳐 그들의 연구 결과는 마침내 햇빛을 보게 되었다.[5]

　그러나 그 누구도 앞으로 어떤 폭풍이 밀어닥칠지 예상하지 못했다.

과학적 관점

　퀴스트와 차펠라의 논문을 출판한 이후에 『네이처』는 이들의 연구 결과를 강력하게 비판하는 네 통의 반박문을 받았다. 심사위원들은 팀을 이뤄 그 반박문을 점검했으며 그중 두 편을 다음 해 4월호에 발표했다.

첫 반박문은 버클리대의 대학원생인 닉 카플린스키 Nick Kaplinsky가 초안을 작성하고 식물·미생물학과의 다수 학생들과 교수들이 공동 저자로 참여했다.[6]

이들은 퀴스트와 차펠라가 사용한 역중합효소연쇄반응이 매우 민감하기 때문에, 실제 데이터로 오해될 수 있는 가짜 데이터를 만든다고 주장했다. 증폭된 DNA 조각들은 변형유전자 DNA에 인접한 서열이기보다 옥수수 게놈 어디나 흩어져 있는 '쓰레기 DNA'일 가능성이 크다는 뜻이다.

두 번째 반박문 역시 버클리대의 대학원생이었던 매튜 메츠 Matthew Metz와 스위스에 있는 동료가 공동으로 작성한 것이었다.[7] 메츠도 반박문에서 퀴스트와 차펠라가 역중합효소연쇄반응법을 부주의하게 적용할 때 나타나는 의미없는 DNA 절편을 변형유전자로 오인했기 때문에 그런 해석을 하게 된 것이라고 주장했다. 비판자들은 또한 퀴스트와 차펠라가 결과를 입증할 수 있는 타당한 실험 방법을 사용하지 않았다고 반박했다. 메츠는 각 시료당 실험이 몇 차례 반복되었는지, 그리고 각 시료당 양성 혹은 음성반응을 보인 횟수는 각각 몇 번이었는지를 표시하지 않았다고 지적했다.

하지만 변형유전자가 불안정하다는 주장이 주로 공격을 받은 데 반해 변형유전자가 토종 옥수수를 오염시켰을 것이라는 주장에 대해 시비를 거는 사람은 거의 없었다. 멕시코가 토종 옥수수

품종을 보존하려고 노력을 기울이고 있음에도 불구하고, 미국에서 매년 600만 톤씩 수입하고 있는 옥수수 중 일부가 경작되어 토종 이웃과 교차수분할 가능성에 대해서는 모든 사람이 수긍했다. 범법행위에 해당하는 줄 알면서도 인도의 농민들은 유전자 변형 목화를 심어 왔고 브라질 농민들은 유전자 변형 콩을 심어 왔다.

2002년 1월, 멕시코 환경부의 지원을 받은 연구에서 버클리 연구에서 주장된 것보다 오아하카와 인근의 푸에블라Puebla에서 변형유전자 오염이 훨씬 높다는 사실이 드러났을 때 퀴스트와 차펠라의 연구는 부분적으로 타당성을 인정받는 듯했다. 정부는 변형유전자 오염이 열한 군데에서 3 내지 13 %, 네 군데의 다른 지역에서는 20 내지 60%, 그리고 정부 식료품점에서는 37%에 이른다고 발표했다.

퀴스트와 차펠라의 두 번째 결론, 즉 변형유전자가 세포의 곳곳에 흩어져 존재한다는 생각은 더욱 논쟁을 불러 일으켰는데, 왜냐하면 그것은 수분 이외의 다른 방법을 통해서도 유전자 변형이 일어날 수 있다는 것을 제안했기 때문이다. 만약 그렇다면, 유전자는 기존에 생각했던 것보다 덜 안정적이고 이들의 행동은 좀처럼 예측할 수가 없으며, 인간의 복지, 작물 다양성, 환경에 미치는 영향도 마찬가지로 예측하기 힘들게 된다. 인위적으로 도입한 유전자가 불안정할 것이라는 생각은 비교적 최근에 나타났다. 변형종자를 심는다고 해서 예측하지 못한 결과가 나오는 것은 아니라고 소비자들을 설득해 온 산업체에 이런 생각은 상당히 위협적인 것이다.

논란의 여지가 있지만 변형유전자가 안정적이지 않다는 생각은 주로 생명공학 반대 운동가들에 의해 지지되었다. 매완 호 Mae-Wan Ho와 조 커민스Joe Cummins는 퀴스트와 차펠라의 연구를 옹호하면서 대두의 유전자 변형 DNA와 숙주의 게놈이 뒤죽박죽 섞여 있다는 증거를 제시했다. 또한 2002년 12월 『네이처』에 보내는 서신에서 호는 퀴스트의 양성시료에서 발견된 콜리플라워 모자이크 바이러스 서열이 도입유전자의 불안정성을 증가시킬지도 모른다는 생각을 언급하기도 했다.

비판자들은 일단 변형유전자가 옥수수 안으로 들어가서 조각이 난다는 주장은 변형유전자가 안전하다는 이전의 모든 증거들과 어긋나며, 변형유전자가 다음 대에 전달되더라도 쪼개지거나 이동하지는 않는다고 주장했다. 카플린스키의 실험실 지도교수이자 반박문의 공동저자이기도 한 버클리대 유전학과의 마이클 프릴링Michael Freeling의 표현에 의하면, 퀴스트와 차펠라의 주장은 "프랑켄슈타인 괴물처럼 변형유전자가 뻥하고 튀어올라 게놈 전체로 흩어졌다"는 것이며 이는 "거의 가능성이 없는" 주장이다. 이와 유사하게 메츠는 변형유전자의 DNA는 정상적인 유전자와 동일한 방식으로 통제되며, "병균처럼 게놈 주변을 돌아다니는 행동을 하지 않는다"라고 반박했다.

메츠와 카플린스키 연구진은 "퀴스트와 차펠라가 저질렀던 실수는 옥수수 유전자에 대한 배경이 없는 사람들이 저지르는 공통적인 실수"라고 주장했다. "균류생태학자인 차펠라는 새로운 분야에서 초보자의 실수를 저질렀던 것이죠"라고 카플린스키는 덧

붙였다. 이들은 연구자들이 결과를 반복 검토하지 않음으로써 과학적 원리를 거슬렀다고 혹평했다.

비판자들은 유전공학에 대한 개인적인 편견 때문에 결론이 얼룩졌다고 주장하면서 불완전한 데이터로 서둘러 결론을 내버린 점에 대해서 비난했다. 메츠는 보도자료를 통해 "이들은 열렬한 반유전공학활동가이다"라고 버클리의 연구자들에 대해 평했다. "이들은 자신들의 데이터를 주의 깊게 따져보는데 실패했으며, 이데올로기적으로 편향되어 있기 때문에 과학 활동을 하다가 이런 실수를 저지르는 것 같다. 마음 속에 미리 결론을 내려놓고 실험을 수행하는 것은 재앙의 비결이다." 프릴링도 "모든 과학자는 때로 선입견에 유혹될 수 있지만 그처럼 엉터리 논문을 발표할 수 있는 경우는 드물다. 논문을 철회하고 사과하지 않는 것은 이해가 되지 않는다."며 이에 동의했다.

원수 외나무다리에서 만나다

논문 발표는 결국 "멕시코의 옥수수 소동"이라는 스캔들로 비화되었다. 그들의 논문은 반생명공학 운동가들에게도 커다란 충격을 주었다. 『유에스에이 투데이』는 "유전자 변형 DNA가 옥수수를 '오염' 시키고 있다"고 보도했으며, 『런던 데일리 텔레그래프』는 "외딴 곳의 멕시코 작물이 '유전자 변형 옥수수에 의해 더

럽혀지고 있다'"고 경고했다.⁸⁾

　세계적인 환경운동단체인 그린피스는 북미자유무역협정 NAFTA 산하의 국제환경협력위원회에 조사를 요청했다. 멕시코 정부는 결론을 채 확인하기도 전에 책임에서 벗어나려고 허둥댔으며, 멕시코에 본부를 둔 저명한 국제옥수수밀개선센터는 멕시코 옥수수의 유전자은행은 완벽하게 방어되고 있다고 서둘러 발표했다.⁹⁾ 이 연구를 쓰레기 과학으로 치부하려는 주류 과학자들과, 산업체가 주도하는 비방 선전의 희생양이 된 퀴스트와 차펠라를 방어하려는 환경운동가 사이에 논쟁이 뜨거워졌다.

　생명공학 회사들은 유전자 변형 식물에 대한 부정적인 사례가 발표되지 못하도록 틀어막으려고 했는데 여기에는 이유가 있다. 바로 엄청난 돈이 걸려 있기 때문이다. 현재 전세계의 상업적인 종자 시장의 규모는 230억 달러 정도로 추산되고 있는데 대부분 미국계인 10대 종자업체가 세계 종자 시장의 30% 이상을 장악하고 있다. 이들은 또한 기존의 소규모 종묘회사들을 합병하여 막강한 지적재산권을 행사하고 있다. 우리나라에서도 IMF 위기를 겪으면서 종묘회사들이 잇따라 다국적 기업에 인수 합병됐다. 1997년에는 서울종묘가 노바티스(현 신젠타)에 3천 2백만 달러에 넘어간 데 이어, 1998년엔 홍농과 중앙이 세미니스에 각각 1억 달러 및 1천 8백만 달러에 합병됐다. 그래서 현재 1천 4백억 원 규모인 국내 종묘 시장의 70% 이상을 외국자본이 점령하고 있다. 유전자 변형 작물 종자의 경우 몬산토, 신젠타, 아벤티스, 듀퐁 등 불과 몇 개 업체가 시장을 사실상 독점하고 있는데, 21세기에 이르면 이 종자들이 기존의 토종 종자들을 몰아내고 전세계를 지배할 것으로 예상된다. 그렇다면 널리 재배되는 식량작물이라 할지라도 유전자 변형 작물을 재배하기 위해서는 종자회사에 엄청난 기술료를 지불해야 한다.[10]

미국, 캐나다 등의 과학재단과 생명공학 회사들이 설립한 '농생명공학기술 획득을 위한 국제 서비스ISAAA'에 따르면 1995년 120헥타르에 불과하던 유전자 변형 작물의 재배 면적은 1996년에는 1백 70만 헥타르, 1997년 1천 1백만 헥타르, 1998년 2천 7백 80만 헥타르, 1999년 3천 9백 90만 헥타르, 2000년 4천 4백 20만 헥타르, 2001년에는 5천 2백 60만 헥타르로 폭발적으로 증가했다. 2002년 한 해만도 전세계 농지 면적의 27%에 해당하는 5천 8백 70만 헥타르의 농지에서 유전자 변형 작물을 재배해 전년도 재배면적에 비해 19%가 증가했다.[11]

하지만 생명공학 산업은 여전히 확장될 것으로 보인다. 현재로는 대개의 유전자 변형 작물이 제초제 저항성, 해충 저항성 등 소수의 형질만을 갖도록 조작되었으며, 작물들도 주로 대두, 옥수수, 목화, 카놀라 등 몇 가지에 국한되어 있기 때문이다. 그리고 유전자 변형 작물 재배 지역도 아르헨티나, 캐나다, 중국, 미국과 같은 몇몇 나라에만 국한되어 있다. 유전자 변형 작물이 다양하게 개발될 가능성과 재배 면적 등이 확대될 여지가 아직도 남아 있다는 뜻이다.

시장도 대부분 개방되어 있지 않은 상태이다. 2002년 미국이 주도권을 쥐고 있는 세계식량계획WFP이 기아에 허덕이는 아프리카의 빈국들에 식량을 받아달라고 애걸하는 진풍경이 벌어졌다. 문제는 유전자 변형 곡물이었다. 국민 2백 30만 명이 굶어죽어 가고 있던 잠비아는 "독성 식품을 먹으니 차라리 굶어죽겠다"는 뜻을 밝히며 거부했고, 짐바브웨는 "주민들이 유전자 변형 옥수수를 심을 경우 자국의 작물이 오염될 가능성" 때문에 식량 원조를 거절했다.[12] 식량을 수출하는 나라들도 일본, 유럽 등 선진국 소비자들이 유전자 변형 식품을 선호하지 않는다는 사실 때문에 유전자 오염이 두려워 재배를 꺼리고 있다. 하지만 유전자 변형 식품의 안전성에 대한 사람들의 염려가 누그러지게 되면 개발 선두주자들인 파마시아, 듀퐁, 신젠타는 엄청난 소득을 챙기게 될 것이 분명하다.

이 기술의 지지자들은 제3세계 국가의 농업 생산을 증가시키거나 세계의 기아를 해결하는데 도움을 줄 수 있다고 하면서 생명공학의 잠재적인 이익을 강조하려고 한다. 그 증거로 이들은 종자에 비타민 A가 풍부하게 들어 있어서 개발도상국민들의 영양실조를 예방할 수 있는 "황금쌀" 프로젝트와 같은 유전자 변형 식품의 유익한 사용을 지적한다. 이들은 또한 해충 저항성 형질이 식물의 유전자 암호 안에 포함되어 있기 때문에 화학적 살충제의 필요성을 줄여준다고 하면서 유전자 변형 작물이 환경에도 긍정적인 영향을 미친다고 말한다.[13]

하지만 가장 논란이 치열했던 곳은 다름 아닌 바로 버클리대학이었다. 이 논문으로 말미암아 1998년에 체결되었던 노바티스 Novartis(후에 노바티스와 아스트라제네카의 농업부문은 합병되어 신젠타Syngenta라는 초거대기업을 만들게 된다)와 버클리대 식물·미생물학과간의 2천 5백만 달러 규모의 5년 시한부 협정이 다시금 부각되었다. 3분의 2에 달하는 대다수 교수들은 이 거래가 학문의 자유에 "부정적인" 영향을 미칠 것이라는 비관적인 생각을 갖고 있었다. 학생들은 '책임 있는 연구를 촉구하는 학생들 Students for Responsible Research'이라는 단체를 조직하여 격렬하게 이 거래를 반대했다. 심지어 이들은 조인식 도중에 노바티스의 회장과 천연자원대학 학장을 향해 파이를 던지기도 했다.

노바티스와 버클리 사이에 맺어진 이 협정은 기업과 대학이 생명공학 분야에서 본격적으로 제휴한 최초의 사례이다. 대학측은 노바티스의 연구비 지원을 받았는가에 상관없이 학과에서 발견한 연구 결과의 3분의 1에 대한 특허면허의 우선협상권을 인정해주었으며, 학과 연구위원회의 5석 중 2석을 기업에 할애하는 것을 조건으로 했다. 노바티스는 또 가치가 있는 연구에 대한 출판을 4개월까지 지연시킬 권한도 가지고 있었다. 노바티스는 결국 돈을 주고 대학의 연구 능력을 사버린 셈이 되었다. 일부 연구자들은 이 거래로 인하여 대학이 유전공학 연구만을 장려하고 그렇지 않은 연구들은 축소시키게 될 것이라고 우려했고 이것은 사실로 드러났다.

"앞으로 공공 대학에서 민간기업의 투자를 끌어오는 교수의 능력이 학문적 자격보다 더 중요하게 간주되지나 않을까 걱정스럽다. 이는 과학자들이 사회적으로 책임 있는 자세를 갖출 유인을 제거해 버릴 것이다." 버클리대 교수인 미구엘 알티에리와 앤

드류 폴 구티에레즈가 대학의 동문회보에 보낸 편지에서 내비친 우려다. 알티에리가 쌓아온 그간의 학문적 경력은 '생물학적 방제biological control', 즉 농업에서 해충들을 살충제 이외의 수단을 써서 통제하려 하는 분야의 연구에 맞추어져 있었다. 그가 씁쓸한 어조로 얘기한 바에 따르면, 노바티스사로부터 돈이 쏟아져 들어오면서 생물학적 방제 연구에 대한 대학의 지원금이 없어져 버렸다. "40년이 넘는 기간 동안 우리는 생물학적 방제 분야에서 세계 최고의 연구자들을 양성해 왔다. 살충제가 중요한 환경 문제를 야기한다는 사실이 밝혀진 이후, 생물학적 방제에 관한 이론 전체가 이곳에서 확립되었다." 알티에리의 말이다.[14]

과거에는 공공기관에서 지원하는 연구비를 받아서 동료가 심사하는 저명한 학술지에 논문을 많이 게재하는 교수들이 유능한 교수로 인정을 받았지만 이제는 사정이 달라졌다. 사기업에서 지원하는 연구비를 받아서 기밀이 유지되는 특허를 출원하거나, 스스로 자기 실험실에 벤처기업을 차려 산업화해야 유망한 교수로 인정을 받게 된 것이다. 대학기업이라는 말이 나올 정도로 대학에서 아카데미즘이 실종되고, 비밀주의와 이윤 추구가 판을 치게 된 것이 현실이다.

퀴스트와 차펠라는 버클리대학 내의 이런 움직임에 대해 적극적으로 반감을 표시해 왔다. 차펠라는 노골적인 반대교수의 일원이었으며, 퀴스트는 앞서 말한 책임 있는 연구를 촉구하는 학생들의 회원이었다. 이들에 반대하는 사람들은 차펠라가 공평무사한 과학자의 모델은 아니라고 주장한다. 그들은 차펠라가 식물생명공학에 대한 반대활동을 펼치고 있는 북미반살충제네트워크 활동가그룹의 이사로 활동하고 있다는 사실을 예로 들고 있다. 다시 말하면 차펠라는 드러내놓고 활동하는 반생명공학 활동가라는 것이다.

심지어 퀴스트는 교내의 옥수수밭을 망가뜨렸다는 혐의까지 받고 있었다. 어느 날 밤, 버클리대 식물·미생물학과의 학생인 카플린스키가 재배하고 있던 실험용 옥수수밭이 생명공학을 반대하는 파괴자들에 의해서 두 번이나 파괴되어 2년 동안 애써서 모은 데이터가 날아가 버린 사건이 발생했다. 버클리의 생명공학자들은 혐의를 입증할 수는 없었지만, 퀴스트가 멕시코의 토종 옥수수에서 변형유전자가 발견되었다는 연구 결과를 공개한 행위는 자신들을 겨냥한 보다 악의적인 공격이라고 생각했다.

그렇기 때문에 가장 떠들썩한 비판자들이 식물·미생물학과의 동료들이라는 사실도 그다지 이상하게 보이지 않는다. 1998년에 식물·미생물학과가 생명공학 회사인 노바티스와 5년에 2천2백만 달러짜리 협약을 맺었을 때 차펠라는 정부 청문회에서 반대 증언을 했다. 반면에 메츠는 그것을 변호하는 편지를 『네이처』에 보냈다. 이제는 사정이 뒤바뀌었다. 그들은 퀴스트와 차펠라의 연구를 "덜 돼먹은 논문의 본보기"라고 했다.

케네스 워시Kenneth Worthy 등은 멕시코 옥수수에 변형유전자가 침투했다는 퀴스트와 차펠라의 논문을 둘러싼 논쟁이 비판자들의 객관성이 손상되는 정치 경제적 관계망 내에서 이루어진다고 지적했다.[15] 퀴스트와 차펠라의 논문을 반박하는데 참여한

8명의 저자는 직간접적으로 농업생명공학 회사 노바티스의 경제적 지원을 받아 왔다는 것이다. 그런데 흥미로운 것은 8명의 저자 중 어느 누구도 반박문을 출판하면서 노바티스의 재정적인 도움을 받았다는 점을 언급하지 않았다는 사실이다. 하지만 일단 연구비를 제공받은 이상, 이익옹호를 위한 대리전을 편다는 혐의를 받을 수도 있는 것이 사실이었다.

메츠와 휘터러는 이에 대해 자신들이 퀴스트와 차펠라의 논문을 비판한 것은 과학적인 데이터와 결론의 질에 국한된 것이라고 즉각 반박했다.[16] 하지만 퀴스트와 차펠라는 노바티스와의 계약에 관한 논란이 빚어낸 적대감이 이후의 시험작물 파괴행위에 의해 더욱 격해지면서 자신들의 논문을 둘러싼 의견 대립에서 일정한 역할을 한 것이 분명하다고 믿는다.

『네이처』, 무릎을 꿇다

편집자 필립 캠벨Philip Campbell은 『네이처』가 반박문을 싣기로 결정했을 때 논문의 저자들과 반박문의 저자들 사이에 있었던 이런 역학관계에 대해서는 알지 못했다고 해명했다. 캠벨은 자신이 버클리대학과 노바티스 사이에 맺어진 협약에 대해 비판적인 글을 썼다는 점을 상기시키며 『네이처』지나 자신은 중립적인 입장을 견지했고 순전히 과학적인 근거에서 반박문을 싣기로 했다고 주장했다. 그러나 퀴스트와 차펠라는 정치적 압력 때문에 『네이처』가 후속조치를 취할 수밖에 없었을 것이라고 주장했다.

발표 논문에 대한 비판이 거세지자 『네이처』의 편집자들은 퀴스트와 차펠라에게 다른 방법으로 시료를 다시 검사해달라고 요청했다. 이것은 이례적인 요청이지만, 비합리적인 것은 아니라고 편집장 필립 캠벨은 주장했다. 그는 퀴스트와 차펠라의 주장을 뒷받침하는 데이터를 즉시 얻을 수 있다고 판단했다. 하지만 연구자들은 『네이처』가 새로운 결과를 만들어내는 데 불과 4주라는, 과학 연구를 하기에는 아주 짧은 기간을 주고, 대략 1500단어의 반박에 대해 고작 300단어로 논문을 방어하라고 한 조치에 대해 『네이처』와는 다른 의견을 갖게 되었다. 차펠라는 이런 조치를 "『네이처』가 자신들을 곯리는 짓"이라고 생각했다. 퀴스트는 다시 검사를 한다 해도 자신이 원래 한 주장이 맞는 것으로 증명될 거라고 말했지만, 마감 시한까지 『네이처』가 요구한 완벽한 결과를 보낼 수 없게 되자, 예비 보고를 『네이처』에 보낼 수밖에 없었다.

『네이처』 4월호에 게재된 답신[17]에서 퀴스트와 차펠라는 대체적으로 원래의 결론을 강력하게 고수했다. 이들은 두 개의 서열을 잘못 밝혔다는 점은 인정했지만, 나머지 시료는 제대로 밝혀냈다고 주장했다. 이들은 다른 연구 방법을 사용하여 적어도 크리오요 옥수수가 변형유전자 물질을 포함하고 있다는 것을 입증했다.

만약 퀴스트와 차펠라가 제대로 변형유전자의 존재를 밝히려고 했다면 쉽게 인식할 수 있는 유전적 특징을 가진 길다란 변형 DNA의 서열을 발견해야만 했다고 비판자들은 주장한다. 하지만 이 두 사람은 도입된 유전자가 어떻게 조각이 날 수 있는가에 관심을 갖고 있었기 때문에 길다란 완벽한 서열보다는 의도적으로 인간이 도입한 짧은 DNA 단편을 찾으려고 했다.

그들은 DNA 서열 중 두 개는 인위적 산물일지 모르지만 나머지는 그렇지 않다고 주장했는데, 그것을 "변형유전자 DNA와 원래의 숙주 게놈 사이에서 융합이 일어났다는 점을 보여주는… 불연속 패턴이 나타나고 있다"고 기술하였다.

데이비스대학의 식물유전학자인 겟츠Paul Gepts는 비록 퀴스트와 차펠라의 증거가 삽입되면서 조각이 난다는 사실과 일치하기는 하지만 그것만으로는 충분하지 않다고 언급했다. 그리고 그 이상의 단편화가 일어난다는 주장에 대해서도 새롭고 의미 있는 결론으로 비약하기 전에 실제로 보다 많은 증거와 설명이 뒷받침되어야 한다고 말했다. "퀴스트와 차펠라가 그들의 서열 중 두 개가 인위적 산물일지도 모른다는 언급을 함으로써 방법론에 신뢰성을 부여하는데 실패했다"고 겟츠는 말했다.

『네이처』의 심사위원 중 두 명은 멕시코에서 유전자 변형 옥수수가 자라고 있으며 이것이 토종 옥수수와 교배하고 있다는 퀴스트와 차펠라의 첫 번째 결론은 인정했지만, 퀴스트와 차펠라의 두 번째 결론—멕시코의 옥수수 게놈에 변형유전자들이 돌아다닌다—에 대해서는 반박문이 일리가 있다고 결정하였다.

2002년 4월, 카플린스키와 메츠의 반박문을 게재한 호에 『네이

처』는 원논문의 지지를 철회하는 편집자의 주를 함께 실었다.[18]

"이런 논의들과 투고한 다양한 조언에 비추어 볼 때『네이처』는 제시된 증거가 원논문의 출판을 정당화하는데 충분하지 않다는 결론을 내렸다. 그럼에도 불구하고 저자들은 자신들이 제시한 증거로써 결론을 고수하고자 하므로 우리는 비판과 저자들의 반응, 새로운 데이터를 함께 출판하여 이런 상황을 솔직하게 알리고 독자들 스스로 판단하도록 하려고 한다."라고 편집인은 썼다. 이것은 일찍이 전례가 없는 일이었다. 133년 역사상 처음으로『네이처』는 저자에게 철회의 요구도 하지 않고 논문에 대한 지지를 철회해버렸다.

버클리의 연구자들도 자신들을 방어하는 과정에서『네이처』가 철회를 요청한 적이 없음을 지적했다. 이것은 과학자에게는 아주 중요한 문제이다. 철회하지 않는 한 퀴스트와 차펠라의 연구는 여전히 일차적인 과학 문헌의 일부로 간주되며 후속 연구자들에 의해서 인용될 가능성이 있는 것이다.『네이처』의 조처는 모호한 구석이 있어 퀴스트가 주장했듯이 양다리를 걸치고 있는 듯한 인상을 주었다. "나는 그들이 매우 특이한 언어로 이유를 표현했으며, 그래서 상당히 모호한 점이 있다고 생각한다"고 그는 말한다. "만약 우리들의 결과에 부합하는 결과가 나온다면 그들은 '봐라, 우리는 이것이 과학적으로 옳기 때문에 철회를 요청하지 않았다', 만약 이것이 틀린 것으로 입증된다면, 이들은 '봐라, 우리는 이 연구자들을 도마에 올려놓길 잘했다'라고 말할 것이다."

『네이처』의 조처는 원래 논문을 출판했을 때보다 더욱 커다란 뉴스거리가 되었다. 일부는 퀴스트와 차펠라가 제멋대로 자신을 옹호하도록 『네이처』가 내버려 두지 말았어야 했다고 말한다. 반면에 이를 반대하는 사람들은 기술적으로 흠집을 내려는 것은 "유전자 오염"이라는 실제 문제에서 주의를 돌리려는 생명공학 회사의 교묘한 전략이라고 주장한다. 이 논문의 승인을 철회함으로써 이제 『네이처』는 이 음모전략의 일부로 의심 받게 되었다.

본래 과학적인 탐구는 가설의 수립과 검정에 근거한다. 처음 제안된 이후에 수정되지 않고 지속되는 가설이란 거의 없다. 대부분은 검정을 거쳐 수정되고 재검정된다. 그리고 종종 반증된다. 과학자들 사이의 불일치는 과학에서 흔히 있는 문제이다. 요즈음 발간되는 많은 저널은 출판된 논문에 대하여 과학자들이 전문적인 언급을 할 수 있고 원저자가 이에 답할 수 있는 토론란을 개설하고 있는데, 이로써 독자들은 보고된 과학적 발견의 우수성을 평가할 수 있는 것이다.

엄격한 출판 과정의 초석은 투고된 원고의 연구 분야에 대하여 해박한 지식을 갖고 있는 담당 편집자와 담당 편집자에 의해 선정, 추천된 독립적인 외부 심사위원들이다. 이들에 의해 철저한 평가가 이루어질 때 저널의 공정성이 어느 정도 유지된다.

하지만 몇 가지 의문점은 남는다. 이 엄격한 과정에도 불구하고 『네이처』는 왜 2개의 반박문과 저자들의 수정문, 그리고 동시에 "『네이처』지는 제시된 증거가 원논문으로 출판하기에는 충분하지 않다는 결론을 내린다"는 편집자 주를 싣게 되었을까? 왜 『네이처』는 후에 부정확하거나 다른 식으로 해석될 수 있는 편집자 주를 내보내게 되었는가?

편집자의 이런 주는 『네이처』의 편집정책과 심사과정을 미숙하게 반영하는 것으로 바람직하지 않은 선례이다. 이미 출판되어 철회된 논문과 유사하게 처리할 수는 없었는가? 왜 이 특정한 논문만 특별하게 처리하는가? 만약 『네이처』가 판단했듯이 원논문의 저자가 제안한 결과 해석이 이 편집자 주를 정당화시킬 정도로 충분히 오류가 있다면, 왜 『네이처』는 성급하게 보고서를 출판했단 말인가?

필립 캠벨은 "출판 뒤에 우리가 알게 된, 미리 파악했어야 할 논문의 기술적인 결점 때문이며 저자들이 스스로 논문을 철회하려 하지 않기 때문"이라고 철회가 이루어진 배경을 설명했다. 논문은 저자들이 실수를 했거나 중대한 기만을 저질렀을 때만 철회되는 것이 보통이다. 그러면 퀴스트와 차펠라는 논문이 철회될 만큼 선을 넘었던가?

실제로 논쟁의 어느 편에 가담해 있건 『네이처』의 결정에 대해서 아주 만족하는 사람은 없는 것 같다. 일부 연구자들은 그 연구가 애당초 심사과정을 거쳤다는 것에 대해서 흥분한다. 제대로 된 심사위원이 제대로 심사했다면 이처럼 결점투성이인 논문이 출판될 수도 없었을 것이라고 주장했다. 반면에 다른 사람들은 저널이 지지를 철회했다는 사실에 실망했다.

다른 이들은 좀더 심각한 윤리적인 우려를 하기도 했다. 차펠라의 학과 동료 중의 한 사람인 알티에리Miguel Altieri는 『네이처』가 입장을 바꾼 데에는 경제적인 동기가 있을 것이라고 믿는다. "『네이처』는 거대 기업으로부터 자금을 지원받고 있다"고 그는 말한다. "저널의 마지막 페이지를 보면 『네이처』를 위해서 광고를 지원한 기업을 볼 수 있다. 80%가 공학기업이며, 광고당 2천 불에서 1만 불을 지불한다. 나는 『네이처』가 이처럼 광고료에 의존하기 때문에 중립적인 과학저널이라고는 생각하지 않는다."

퀴스트와 차펠라의 논문에 대한 상반된 논쟁을 통해 과학자와 과학학술지가 처한 이해의 충돌이라는 상황이 적나라하게 드러났다. 멕시코의 개량콩과 야생콩 간의 유전자 흐름의 영향을 연구하는 데이비스대학의 폴 겟츠Paul Gepts는 유전자 변형 작물을 다루는 뜨거운 토론에서 중립지대란 있을 수 없으며, 퀴스트와 차펠라의 논문은 아마도 다른 논문들보다 훨씬 신랄한 반응을 겪었을 것이라고 말한다. 퀴스트와 차펠라를 반박한 닉 카플린스키도 유전자 변형 작물 정책을 설정하기 위한 과학의 기준은 더욱 엄격해야 한다고 이에 부분적으로 동조한다.

하지만 영국의 감시단체인 유전자감시운동GeneWatch의 수 메이어Sue Mayer는 유전자 변형 작물의 개발에 비해 안전성 검사가 거의 이루어지지 않고 있으며, 그나마 안전성 검사가 이루어진다고 해도 엄격한 기준을 요구받고 있다고 주장했다.

벌집을 쑤시다

옥수수 소동에서 개인적인 편견, 배후 조종, 기업의 부당한 압력에 관한 주장들이 부각되면서, 상충되는 정보가 파상적으로 나타날 때마다 유전자 이식 농작물을 옹호하는 측과 반대하는 측은 격돌했다.

유전공학의 반대자들은 퀴스트와 차펠라를 변호하기 위해서 전선에 뛰어들었다. 그린피스는 멕시코로 향하는 옥수수 선적을 차단하려고 시도하였으며, 북미자유무역협정 조례에 따른 조사를 요구하는 국제적인 캠페인을 시작했다. 오아하카에서도 유전자 변형 옥수수가 발견되었다는 사실 때문에 환경운동가들은 변형유전자가 자연계를 마구 휘젓고 다닐 가능성에 대해 최악의 두려움을 느끼게 되었다. 유전자 변형 식품에 반대하는 단체인 푸드 퍼스트Food First는 144개의 농민단체와 다른 시민단체와 함께 몇 개의 정부간 기구 및 유엔기구가 힘을 합쳐 멕시코에서의 유전자 변형 옥수수 확산을 막아달라는 성명서를 발표했다. 이전에 유전자 변형 감자에 대한 연구를 하여 영국에서 커다란 유전자 변형 식품 논쟁을 불러 일으켰던 아파드 푸스차이Arpad Pusztai의 예를 들면서 '이 발견 때문에 위기감을 느낀 생명공학 산업체들이 전세계적으로 박해하고 있는 퀴스트와 차펠라는 훌륭한 과학자들'이라고 주장하면서 이 연구자들을 지지하는 성명을 발표했다.

반면 애그바이오월드 사이트AgBioWorld.org는 『네이처』의 철회 결정을 지지하는 입장에 섰다. 본 사이트의 운영자인 유전공학자 프라카쉬C. S. Prakash는 그 연구를 "기술적인 실패의 표본"이라고 간주하면서 "기득권과 비밀 강령으로 무장한 전사들은 이 빈약한 주장과 히스테리성 캠페인을 사용하여 현대생명공학의 신용을 실추시키려고 하며", 만약 멕시코의 농민들이 미국의 동업자들이 이용하는 기술을 부정한다면 고통을 받게 될 것이라고 주장하는 보도자료들을 게재했다. 애그바이오월드는 정치적인 이유가 아니라 학문적인 이유 때문에 버클리 연구를 반박하는 것이라며 은근히 푸드 퍼스트를 공격했다. 오스트레일리아의 릭 러쉬Rick Roush와 데이비드 트라이브David Tribe를 포함한 100명의 과학자들은 애그바이오월드를 통해 자신들의 성명서를 발표하였다.[19] 이 성명서는 푸드 퍼스트가 "중상"과 "비윤리적 공격"이라고 부른 차펠라와 퀴스트에 대한 공격을 "훌륭하고 활발한, 단순한 과학적 견해"라고 방어했다. "과학이라기보다는 정치나 운동의 양상을 띠는 주장"과 맞설 때 이러한 "가차없는 비판과 재검토"가 가장 중요하다고 성명서는 맞받아쳤다. 이 성명서는 또한 퀴스트와 차펠라가 주장한 유전자의 흐름은 옥수수의 특성상 "불가피"하며, 더욱 다양한 형질을 농민들이 선택할 수 있도록 하기 때문에 "바람직하다"고 강조했다.

개들의 먹이

하지만 사이트에 게재된 일부 악의적인 비평은 결코 학문적이라고 할 수 없다.[20] 애그바이오월드 회원들은 3천 7백여 통에 달하는 신랄한 이메일을 통하여 퀴스트와 차펠라의 논문이 "수준 낮은 동료심사과정만을 거친, 발표되지 말았어야 할 쓰레기 과학"이라고 주장했고, 차펠라가 확인 조사를 위한 시료들을 내놓지 않으면 직업을 잃게 될지도 모른다고 위협했다. 연구를 비난하고 차펠라를 반생명공학 활동가로 매도하는 내용을 60회나 올린 매리 머피Mary Murphy와 안두라 스메타섹Andura Smetacek은 이메일 발송자의 주소를 추적해 본 결과 몬산토생명공학회사를 주로 홍보하는 비빙그룹Biving Group, Inc에 속한 것으로 드러났다. 스메타섹의 정체는 약간 막연하다. 그녀의 이메일 주소 추적이 실패로 돌아간 후 『빅 이슈』의 기자인 앤디 로웰Andy Rowell은 스메타섹의 이메일 주소가 위장된 것이라는 결론을 내렸다. 위장으로 드러났다고 해도 온라인상의 비판은 논쟁의 초점을 흐리는 데에는 효과적이었다. 그러나 그 배후의 존재는 무엇인가?

원래 차펠라의 논문에서 제기된 의문은 정당하고 중요한 것이다. 멕시코의 옥수수가 유전자 변형 작물의 유전 물질을 받아들였는가? 만약 그렇다면, 그것이 어떻게 일어났으며 그 결과는 무엇인가, 그리고 이것이 실제로 유전적 다양성에 위협이 되는가? 이들 질문은 다른 식품 전쟁이 아니라, 과학에서의 진지한 반응을 필요로 한다.

 멕시코의 옥수수 소송에서 처음부터 대립한 양측은 그 근거에서 보면 정치적이 아니라 과학적인 논쟁이라는 점을 강조했다. 그렇지만 국외자에게는 과학과 정치의 경계는 흐릿하게 보일 것이다. 하지만 한가지 사실은 명백하다. 퀴스트와 차펠라가 제기했던 변형유전자의 비의도적인 확산에 대한 질문은 거의 밝혀지지 않고 있으며 많은 과학자들의 경력과 막대한 양의 돈이 이 대답에 달려 있다는 것이다. 차펠라가 지적했듯이 매년 수백만 달러를 생명공학 연구에 퍼붓는 산업체가 2천 달러짜리 프로젝트에 이처럼 강력하게 반발했다는 사실은 애초부터 서글픈 일이다. 많은 연구소가 재정적인 보상을 해주는 산업체의 후원자와 연결될수록 위험성에 대한 지적 때문에 기술 개발을 유보하는 일은 없을 것이며, 위험성에 대한 프로젝트들은 무시될 것이다.

제2장

쓰레기 과학

상대를 헐뜯어라

잘못된 충고

내부고발자들

나비는 위험에 빠졌는가?

제대로 된 정보

제2장
쓰레기 과학

상대를 헐뜯어라

유전자 변형 작물을 개발, 재배하는 것은 단순한 농업 활동이 아닙니다. 대중에게 상당한 영향을 미치는 생명공학의 배후에는 극대의 이윤을 노리는 생명공학 회사와 대기업농의 이익을 보장해야 하는 정치 집단들, 그리고 이들의 결정에 따라 연구 개발을 수행하는 생명공학자들이 있다. 이들은 자신의 입맛에 맞는 과학자들을 고용해서 자신의 이익을 위한 연구에 기금을 대고, 상대방의 과학적 신뢰성과 객관성을 공격하는 일이 빈번하다. 이에 대해 참여연대 시민과학센터의 김명진은 생명공학 옹호자들은 생명공학의 중요 쟁점들을 둘러싼 논쟁에서도 반대측 견해를 대등한 것으로 받아들이기보다는 이를 반과학적 태도로 몰아붙이면서 무시하거나 '계몽' 하려는 듯한 태도를 보이는 경우가 많다고 지적한다.[1]

일례로 녹색혁명을 주도하여 노벨평화상을 수상한 노먼 볼로그Norman Borlaug는 인류의 식량 문제를 해결해 줄 새로운 생명공학을 환경엘리트주의자들이 반대하고 있다고 비난했다. 과학자들은 연구기금을 얻기 위해서 이들의 극단적 환경운동에 동참하고 있으며 이는 결과적으로 과학적 신뢰를 붕괴시킬 것이라고 지적했다. 심지어 그는 이런 과학자를 스탈린 시절에 유전학을 왜곡시켰던 뤼센코Lysenko에 비유하기도 했다.[2]

부유한 국가 출신이거나 가난한 국가의 사회적 특권층 인사인 극단적 환경운동가들은 과학 발전을 중단시키기 위해서 무슨 짓이든지 하는 것 같다. 이런 실상을 더욱 잘 알고 있는 일단의 과학자들이 연구기금을 얻기 위해서 극단주의적인 환경운동의 시류에 편승하는 것은 유감스러운 일이다. 과학자들이 반과학적인 정치운동에 참여할 때 혹은 비과학적인 전위그룹에 이름을 빌려줄 때, 우리는 무엇이라고 생각해야 하는가? 과학이 지지자를 잃고 있다는 사실은 놀라운 일이 아닌가? 우리는 정치적으로 기회주의적이고 가짜과학자인 트로핌 뤼센코Trofim D. Lysenko와 같은 사람에 대하여 경계해야 한다.

그는 또한 지난 40여 년간 환경운동이 대기질과 수질을 개선하고, 야생생물을 보호하며, 독성폐기물의 폐기를 통제하며, 토양을 보호하고, 생물다양성을 위해서 노력한 공적은 인정하지만 기술 발전을 반대하는 움직임에 우려를 표하며 환경 보호에 관심을 갖는 사람들에게 과학에 근거한 기술을 적용함으로써 비롯되는 긍정적인 영향을 고려하라고 말한다.

왕립학술원 회장인 앤터니 트레와바스Anthony Trewavas도 앞선 퀴스트와 차펠라의 논문을 유전자 변형 작물에 반대하는 선입견을 지지하기 위한 주장으로 일축하면서, "문제가 되는 것은 자유를 존중하는 과학의 명성 자체"라고 말했다. 그는 〈유전자 흐름과 유전자 변형 작물의 의문점〉이라는 글에서 유기인산 농약을 단 한번만 뿌려도 곤충들을 모두 죽일 수 있는데 Bt 독소를 발현하는 유전자 변형 식물에서 자란 진딧물을 먹고사는 풀잠자리와, Bt 꽃가루를 먹고사는 제주왕나비 애벌레의 50% 치사율을 보고하는 것은 무슨 의미가 있는가라고 반문한다. 또한 유전자 변형된 식물의 꽃가루가 작물 재배 지대로부터 수 킬로미터 떨어진 곳에서 발견된다는 보고는 감정적인 언급에 불과하다고 일축했다. 환경 내에서의 유전자 흐름은 완전히 상상력에 의존한 것이며, 유전자 흐름에 대한 연구는 환경운동 정치세력의 입김이 작용한 결과라는 의혹을 제기했다. 또한 그는 유전자 변형 식품에 대한 논쟁은 정치적인 것이라고 서둘러 결론을 내린다.

> 나는 영국 내의 유전자 변형 식품에 대한 논쟁 때문에 이런 질문들을 제기한다. 이것은 정치적인 논쟁이며 과학적인 논쟁은 아니며, 정치적인 논쟁의 진술들은 원인을 만들어내기 위해서 주의 깊게 선택된다. 이런 과정에서 냉정한 평가, 과학적 완전성, 과학적 논쟁의 열정과 가설들은 손실된다.[3]

그에 의하면 순전히 상상력의 소산인 환경 내에서의 유전자의 흐름이라는 주제는 유전자 변형 식품에 대한 대중의 막연한 공포심을 이용하고 있다는 것이다. 과학적인 전통에 따라 논의한 앨런 라볼드Allen Rabould의 논문에 대해 트레와바스 교수는 과학적 접근이 아닌, 오히려 그 자신이 혐오하는 정치적인 방법으로 접근한다. 이것은 볼로그 교수와 마찬가지로 유전자 변형 생물에 관한 과학적인 해석이 아니라 과학자의 해석인 것이다.

이처럼 유전자 변형 생물체와 관련된 격렬한 토론이 일어나게 된 것은 유전자 변형 생물체에 대해 찬성하는 사람과 반대하는 사람 사이의 용어에 대한 교감의 부족, 건강 및 환경 위험성을 평가할 수 있는 증거의 부족, 그리고 가치의 차이 때문이라고 할 수 있다. 유전자 변형 생물체를 상업적으로 사용해야 한다고 주장하는 사람들은 유전자 변형 생물을 비판하는 사람들의 과학적인 업적을 "쓰레기 과학"이라고 부른다. 이런 주장은 사람들에게 비판적인 논문들이 과학적으로 정확하지 않다는 그릇된 인상을 줄 수 있다. 하지만 유전자 변형 생물체의 유용성과 안전성을 비판하는 많은 논문들도 훌륭한 과학자들에 의해 작성되고 동료가 심사하는 저널들에서 출판된 것이기 때문에 이런 지적은 맞지 않는다.

오히려 우리가 빈번하게 듣고 있는 유전자 변형 생물체의 안전성이나 유용성을 주장하는 주장들을 실질적으로 밝히는 동료심사논문들은 부족한 상태이다. 유전자 변형 생물체에 관한 대중 토론에서 양극성이 나타나는 것은 과학적으로 일치하지 않을 뿐만이 아니라, 내재적인 가치가 일치하지 않기 때문이다. 가치의 차이는 유전자 변형 생물체의 이익과 해악을 모두 평가하는데 커다란 영향을 미친다. 과학 활동도 가치와 무관할 수는 없겠지만 과학적 근거 없이 상대편을 폄하해서는 안된다.[4]

잘못된 충고

생명공학을 옹호하는 사람들은 대중들이 있지도 않은 위험을 부풀리는 황색저널리즘과 환경운동단체가 만들어낸 프랑켄슈타인의 이미지에 사로잡혀 있다고 말한다. 유전자 변형 식품을 프랑켄푸드, 즉 프랑켄슈타인 식품이라고 부르며 이것을 먹고 사람이 어떻게 되었다더라는 식으로 보도, 선전함으로써 유전자 변형 식품에 대한 거부감이 극대화되었다는 것이다. 통조림이 처음 등장했을 때 통조림 속의 내용물을 오랫동안 보존하기 위한 일련의 멸균처리 과정에서 예측하지 못한 화학적 변화가 일어나 유해한 물질이 생긴다는 논란이 있었듯이, 유전자 변형 식품에 대한 걱정도 얼핏 보면 그럴듯하지만 지난 5~6년간 미국 시민들이 유전자 변형 식품을 먹고 그 안전성을 확인해 준 바와 같이 기우에 불과하다는 것이다.

이렇듯 생명공학이 만들어낸 제품은 위험성이 거의 없으며 자연적인 과정과 유사하거나 안전하다고 단언한다. 영국작물연구소Institute of Arable Crops Research의 벤 미플린Ben Miflin은 유전자 변형 식품에 대한 논쟁은 전통적인 작물에 대해 대중의 이해가 부족하기 때문이라고 주장했다. 우리가 경작하고 있는 작물은 모두 자연교배의 산물이 아니며 항상 야생형과 밀접한 친척관계를 갖는 것은 아니라고 미플린은 주장한다.

예를 들어 개량된 밀의 DNA를 분석해보면, 여섯 혹은 여덟의 야생 선조와 관련되어 있음을 알게 된다. 이것은 야생 상태에서 좀처럼 일어나기 힘든 3세트의 유전물질을 가지고 있다. 농민들이 그것을 관련 없는 종과 교배시켜 자연계의 어느 것과도 같지 않은 종을 창조해낸 것이다. 또한 종자의 산포기작이 수확시의 편리를 위해 제거되었기 때문에 대부분의 곡식은 야생에서는 살아 남을 수 없다.

현재의 육종 방법은 독소를 암호화하는 유전자를 재도입할 수 있는 단점이 있다. 예를 들어 솔라닌독소가 우발적으로 감자의 변종으로 재도입되어 식품 검정을 통과하지 못한 경우도 있다. 그렇다면 유전자 변형 기술은 한가지 확실한 장점을 갖는다. 이들은 독소 유전자가 새로운 품종으로 우발적으로 도입되지 않고, 반면에 바람직한 형질만이 나타나도록 정확하게 조종할 수 있다.[5]

미플린 박사는 "우리는 지식에 근거한 방식으로 유전자 변형 기술과 전통적인 기술 중 최선의 것을 사용해야 한다"고 충고했다. 유전자 변형 기술을 옹호하는 또 다른 예를 들어보자.

유전자 변형은 전통적인 육종에 비해 오히려 더 안전하다고 할 수 있다. 전통적인 육종의 경우 재배종과 야생종 사이의 교배를 통해 야생종의 유용한 유전자를 재배종으로 도입하는 과정을 거치는데, 이때 교배과정에서 내가 원하는 유전자만 재배종으로 유입되는 것은 아니고 다른 유전자 또한 함께 유입되는 것을 피할 수 없다. 야생종을 우리가 식용으로 삼지 않는 것은 그 속에는 먹어선 안되는 대사물질이 들어 있기 때문이고, 이 또한 유전자 산물임을 고려할 때 원치않는 유전자의 유입이 전통 육종의 커다란 문제점이 된다. 이러한 문제를 해결하기 위해 전통 육종에서는 재배종과의 10여 세대를 거친 반복적 교배를 수행하게 된다. 하지만 여전히 다른 유전자가 유입되었을 가능성을 배제하기는 어렵다. 전통 육종을 통해 생산된 셀러리와 감자에서 유해성분이 검출되면서 생산이 중단된 사례가 과거에 일어나기도 하였다. 이와 달리 유전자 변형 식품을 생산하는 유전공학 기법에서는 오직 자신이 원하는 유전자만이 도입되므로 이러한 난맥상이 쉽게 해결된다. 즉, 대사과정의 문제점을 지적한다면 유전자 변형 식품이 전통 육종에 의해 생산된 신품종보다 더 안전하다고 해야 할 것이다.[6]

많은 생명공학 옹호자들은 유전자 변형 작물의 안전성에 대한 우려는 기우에 불과하며 지난 몇 년간 유전자 변형 작물을 광범위하게 재배했음에도 불구하고 환경이나 건강에 미치는 부정적인 영향의 증거는 아직 나타나지 않았다고 주장한다. 이들은 이외에도 세계의 인구를 먹여살리고 생태계에도 좋은 영향을 끼친 다고 주장하는 등 위험성에 비해 커다란 이익을 강조한다. 그러나 유전자 변형 기술은 전통적인 육종 기술과 마찬가지로 사람에게 유용한 품질을 갖는 식품을 더욱 많이 얻기 위한 공통점을 가지고 있는 반면, 예를 들면 북극지방 넙치의 내한성 유전자를 꺼내 채소나 딸기에 도입하는 변형 기술과 같이 전통적인 육종 기술로는 절대로 이루어질 수 없는 교배가 불가능한 생물체의 유전자를 취하여 작물에 도입한다는 점이 다르다. 한국농어촌사회연구소의 허남혁 연구원은 생명공학 옹호자들이 유전자 변형 기술이 전통적인 육종 기술과 다르지 않은 친숙하고 안전한 기술이며, 유전자 변형 기술의 위험성은 전통적인 육종 기술에서도 항상 존재했던 것이라고 주장하는 생명공학 옹호담론의 허구성을 지적하고 있다.[7]

긍정적이건 부정적이건 증거가 아직도 부족하다고 말하는 사람도 있다. 미국 환경청 자문위원을 역임한 네브라스카대학의 라리사 울펜버거LaReesa Wolfenburger는 유전자 변형 작물의 환경적인 위험성과 이익에 대한 전문적인 논문은 매우 적은 편이며, 야외에서 유전자 변형 작물과 다른 생물체 사이의 복잡한 상호작용을 파악하려는 주요 실험들과 아울러 유전자 변형 농법과 재래식 농법, 유기농법과 같은 다른 농법을 비교하는 연구가 빠져 있는 경우가 많다고 주장한다.[8]

이처럼 생명공학을 적용하기 전에 유전자 변형 작물의 상대적인 위험성과 이익을 다른 방법과 비교하여 평가하는 연구는 중요하다. 하지만 많은 요인이 필수적인 데이터 수집을 방해한다. 일례로 유전자 변형 기술이 환경에 미치는 위험성은 주로 야외에서 기술을 모니터링하여 이루어진다. 하지만 이것을 수행하기 위한 과정조차 부정적인 결과를 나타낼 수 있다는 어려움이 있다.

독립적이며 신뢰성 있는 과학 연구를 통하여 우리는 아는 것은 무엇이고 알지 못하는 것은 무엇인지를 밝힐 수 있다. 하지만 어떤 과제를 설정할 것인가, 그리고 얻은 증거를 어떤 식으로 사용하느냐에 대한 판단도 가치가 게재된 문제일 수 있다. 아무리 "건전한 과학"이라도 그들이 정치의 영역에 속해 있는 한 이런 논쟁을 궁극적으로 잠재울 수는 없다. 과학자들은 일차적으로 이런 상황을 인식하고 가능한 한 객관적으로 유전자 변형 작물에 대한 연구를 계획하고 결과를 객관적으로 해석하려고 노력해야 할 것이다.

내부고발자들

1998년 8월 영국 로웨트 연구소Rowett Research Institute의 아파드 푸스차이Arpad Pusztai 박사는 한 TV 프로그램에 출연하여 유전자 조작된 감자를 어린 쥐에게 먹였더니 면역반응이 저해되고 생장과 발달에 지장을 받는 등 부정적인 영향이 나타났다고 밝혔다. 로웨트 연구소측은 즉시 푸스차이가 유전자 변형 감자를 먹인 것이 아니라 해를 끼친다고 알려진 성분을 포함한 감자를 먹인 연구 데이터를 혼동해서 일어난 해프닝이라고 발표했다. 로웨트 연구소는 연구 결과에 대해 언급하지 말라는 엄명을 내리는 한편 푸스차이 박사를 정직처분했으며 연구원으로 재계약하지 않을 것임을 통보했다. 푸스차이 박사의 데이터가 의미하는 바는 여전히 확실하게 밝혀지지 않았다.

 이 사건 이후 환경부 장관은 유전자 변형 작물의 환경 방출을 감독하는 위원회에 야생 생태계 전문가를 포함시키겠다고 발표했고, 그동안 배포가 제한되었던 〈유전자 변형 작물이 야생 생태계에 미칠 수 있는 영향〉이라는 정책자문위원회의 보고서가 공개되었다. 이 보고서에는 유전자 변형 작물을 재배할 때 생물다양성이 감소될 수 있다는 우려가 표현되었다. 그 다음해 2월에 실시된 여론 조사에 의하면 영국인의 68%가 유전자 변형 식품에 우려를 나타냈고, 60%가 정부의 대처방식에 불만을 표시하였다.[9]

 위 사례에서 볼 수 있듯이 내부고발자적인 성격을 띠는 안전성에 관한 연구들은 서둘러 무마되는 경우가 많다. 정부나 기업은 정책이나 이익의 지속성을 위해서 안전성 확보를 소홀히 했다는 비난을 두려워하기 때문이다. 따라서 이들은 책임 부담에서 벗어나기 위해 생명공학의 위험성 정도나 위험 가능성을 축소하거나 왜곡하려고 한다. 이러한 경우, 해당 기술의 관련 연구자나 전문가가 아니면 그것을 알 수 없다. 일반시민들은 환경이나 인체에 유해한 유전자 변형 작물 또는 식품의 수준이나 그 처리방법을 둘러싸고 일어나는 이와 같은 정보의 희석이나 왜곡을 잘 알지 못할 수도 있다. 그래서 유전자 변형 식품이 건강을 위협하고 생태계를 파괴하기 전에 관련 연구자나 전문가가 위해 가능성을 전해주는 것이 매우 중요하다. 이들은 건강 위해나 환경 위해를 끼치는 생명공학 제품의 확산을 미리 막는 데 요구되는 위험요소에 관한 지식뿐만 아니라 정확한 정보를 갖고 있기 때문이다.

하지만 내부고발자가 겪는 고통도 만만치 않다. 생명공학의 이익에 상반되는 결과를 발표한 과학자들은 푸스차이처럼 학계나 직장에서 추방당하는 형벌을 받는다. 심지어는 시민단체에 관여하는 생명과학자들은 퀴스트와 차펠라처럼 편향된 과학자라는 낙인이 찍히게 된다. 김환석 교수도 유전자 변형 식품에 관한 국내의 합의회의에서 과학자들의 참여가 저조했다며 다음과 같이 지적했다.

> 이는 사실 국내 학계의 실정을 감안할 때 어느 정도 예상되던 일이기도 하였다. 외국에는 과학기술계에도 이른바 '대항 전문가'들이 존재하고 이들이 환경운동 등의 시민운동과 결합하여 힘을 싣고 있으나, 국내의 과학기술계에서 그러한 행위는 '학문적 자살' 행위와 다름없다고 한다.[10]

『사이언스』(January 5, 1996, p. 35)는 〈내부고발자의 재앙 Whistleblower Woes〉이라는 제목의 기사에서, 제도로서의 과학 내부에 있는 내부고발자들의 대부분이 배척을 당하거나 '진술을 철회하라는 압력'을 받거나 고용계약 갱신이 사실상 거부되어

직업을 잃는 등의 부정적인 경험을 했다고 보도하였다.[11]

하지만 〈세계과학회의 후속 조치 모니터링 결과 보고서〉는 과학자들이 사회 전체가 직면한 중요한 문제에 관해 책임 있는 발언을 하고, 외부에 독립적인 조언을 제공할 사회적 책임이 있다고 강조한다. 또한 과학단체들은 특정한 쟁점에 관한 내부고발 사례가 발생했을 때 내부고발자를 보호하고 윤리위원회와 같은 제도적 장치를 통해 해당 쟁점에 대한 공정한 조사와 판단을 내릴 수 있어야 한다고 권고한다.[12]

생명공학 안전성 연구는 생명공학 제품을 개발하는 연구에 비해 턱없이 사례가 적고 연구비의 규모도 상대가 되지 않는 것이 사실이다. 일례로 게놈프로젝트의 경우 1% 정도의 예산만이 윤리, 법, 사회적 함의 연구에 소요된다. 또한 결과가 불확실하고 선정적이라는 비판을 듣고는 있지만, 이러한 내부고발적인 연구들은 소비자를 각성시키고 늦게나마 안전성에 관한 연구가 본격적으로 이루어지게 하는 데 도화선이 되었다.

나비는 위험에 빠졌는가?

1999년 코넬대학의 존 로지John E. Losey와 그의 동료들은 박주가리Asclepias sp. 잎에 내려 앉은 유전자 조작 옥수수 꽃가루가 왕나비Danaus plexippus의 애벌레를 죽일 수 있다고 『네이처』 지에 보고했다. 실험실에서 수행한 연구에 따르면 유전자 변형 옥수수 꽃가루가 묻은 잎을 먹은 애벌레 중 거의 반(44%)이 죽은 반면, 정상적인 꽃가루가 묻었거나 혹은 아무 것도 묻지 않은 박주가리잎을 먹은 애벌레는 해를 받지 않는 것으로 나타났다. 왕나비 애벌레들은 중서부 미국의 콘벨트라고 불리는 옥수수밭 주위에서 흔히 자라고 있는 박주가리에서 살고 있다. 옥수수의 꽃가루는 바람에 의해 60m 이상 날리기 때문에 유전자 변형 옥수수 꽃가루가 박주가리잎에 도달할 가능성이 있다. 게다가 꽃가루는 7월 하순과 8월 중순 사이의 8~10일 동안 생산되는데, 이 시기는 왕나비가 먹이를 먹는 기간과 겹친다. 왕나비 애벌레는 환경에서 방출된 유전물질에 의해서가 아니라 옥수수에 도입된 유전자의 산물인 Bt 독소에 의해서 죽게 된다. 이 실험으로 말미암아 생명공학과 관련된 위험성을 평가하는 증거를 수집해야 한다는 필요성이 부각되었다.[13]

거의 하룻밤 사이에 왕나비는 미국의 환경운동가, 농민, 일반 대중들에게 생명공학의 위험성을 일깨워 주는 국제적인 상징으로 떠올랐다. 생명공학 회사는 위험성이 대수롭지 않다는 자체 연구 결과를 들고 나와 반격을 시도했지만, 비판자들은 그런 연구가 편파적인 것이라고 공격하였다. 왕나비 논쟁은 멕시코 옥수수 논쟁과 마찬가지로 유전자 변형 작물에 대한 위험성 연구가 별로 이루어지지 않았음을 나타내는 증거이다. 로지의 연구는 실험실에서만 이루어졌고 야외에서 일어날 일에 대해서는 거의 알려줄 수 없었지만 환경에 해를 끼칠 수 있는 증거로 채택될 수밖에 없었다. 유전자 변형 작물의 위험성에 대한 독립적인 과학적 연구가 드문 것을 생각하면 논문의 질이 어떻든지 간에 자신들의 주장을 뒷받침할 수 있는 연구의 매력적인 결과에 그룹들이 관심을 갖는 것은 당연했다. 논쟁이 일반인들의 관심을 끌게 되자 결국 위험성에 관한 더욱 자세한 조사가 이루어지게 되었다.

뒤이어 아이오와대학의 곤충학 교수인 존 오브리키John Obrycki는 옥수수밭에서 박주가리에 자연적으로 내려앉은 유전자 변형 옥수수 꽃가루가 왕나비 애벌레를 죽게 만든다는, 야외에서 얻은 증거를 처음으로 제시했다. 유전자 변형 꽃가루가 자연적으로 묻은 박주가리 식물을 48시간 동안 먹은 애벌레는 꽃가루가 묻지 않은 잎을 먹은 애벌레(3%)에 비해 상당히 높은 치사율(20%)을 나타냈다. 또한 유전자 변형 옥수수밭 안이나 옥수수밭의 가장자리 3m 이내에 있는 박주가리를 먹은 애벌레들이 최고 치사율을 나타냈다. 따라서 더욱 넓은 지역에 유전자 변형 옥수수를 심기 전에 이들이 생태계에 미치는 영향을 더욱 자세히 평가할 필요성이 있다.[14]

펠케Felke 등도 유전자 변형 옥수수 식물 꽃가루를 섭취할 때 세 종류의 나비나 나방이 어떤 감수성을 나타내는지를 조사하였다. 애벌레의 Bt 옥수수 꽃가루 섭취량과 애벌레가 받는 해로운 영향 사이의 섭취량-반응 관계를 구하였다. 만약 먹이 식물이 Bt-176 옥수수 품종의 꽃가루로 오염될 경우 양배추나비*Pieris brassicae*, 배추흰나비*Pieris rapae*, 배추좀나방*Plutella xylostella* 애벌레는 처리하지 않은 대조군에 비해 적게 먹으며 더욱 느리게 자라고 높은 치사율을 나타낸다. 서로 다른 단계의 양배추나비 애벌레를 가지고 연구한 결과 오래된 개체들은 어린 개체보다 Bt 옥수수 꽃가루에 높은 내성을 보였다. 이 정보를 가지고 유전자 변형 옥수수를 경작할 때 나비 혹은 나방 종이 멸종하게 된다고 단정할 수는 없고, 이 문제에 대한 더 많은 연구가 필요하다는 잠정적 결론을 내릴 수 있었다. 유전자 변형 작물의 꽃가루나 식물 자체가 나비나 나방의 생존율이나 생장에 영향을 미친다는 이런 연구 결과에 대해서 의구심을 갖는 연구자들은 실험 설계가 잘못되어 있으며 실제로 유전자 변형 옥수수의 주요 품종들은 이들의 애벌레에 거의 영향을 미치지 않는다고 주장했다.[15]

하지만 이런 연구는 유전자 변형 생물체가 제기하는 위험성에 대해 더욱 상세한 야외 실험이 필요하다는 사실과 의문점이 규명되어야 한다는 점을 상기시켰다. 연구자들은 또한 한두 계절에 걸친 야외 실험으로는 제대로 위험성을 알 수 없으며, 시간대를 더욱 길게 하면 새로운 위험성이 발견될 수 있다는 점을 강조했다.

유전자 변형 옥수수에 대해서 입장을 유보하고 있던 미국 환경청도 마침내 다양한 이해 집단이 참여하는 연구진을 구성하여 이 결과를 확인하려고 시도했다. 2002년 가을 여섯 편의 연구논문을 미국립과학원회보*Proceedings of the National Academy of Sciences*(*PNAS*)에 실었다.[16] 옥수수밭과 관련된 박주가리의 상세한 분포, 꽃가루 생산의 타이밍, 옥수수벨트에 걸친 애벌레의 발생 및 생장, 이런 다양한 조건에서의 꽃가루와 꽃가루 독성에 대한 애벌레의 노출 정도 등에 대해 새로운 연구 결과를 얻을 수 있었다.

연구진이 내린 최종 결론은 왕나비 군집에 미치는 Bt 옥수수 꽃가루의 영향은 무시해도 좋을 정도로 위험성이 적다는 것이다. 일부 업체와 환경단체의 대표들은 미국립과학원회보의 연구 결과에 신뢰감을 표시했다. 많은 사람들은 유전자 변형 옥수수에 대하여 단정적으로 우려할 수 없으며, 실제로 이런 작물을 재배할 때 살충제를 적게 사용하여 왕나비에게 이익을 끼칠 수도 있다는 점을 납득하게 되었다.[17] 하지만 연구자들은 만성적으로 치사량 미만의 독소에 노출되었을 때 왕나비가 받는 영향은 파악하지 못했을지도 모른다고 덧붙이고 있다. 미국 옥수수벨트의 변동이 심한 조건에서 이 멋진 나비가 어떻게 생존하고 번성하게 되는지는 아직도 많은 과학자들의 관심거리이다. 예를 들면 참여과학자연합The Union of Concerned Scientists은 왕나비에 미치는 Bt 옥수수의 영향은 아직도 불확실한 채로 남아 있으며 많은 연구를 해야한다는 점을 지적했다.[18]

어떤 사람들은 안전성에 대한 논쟁이 정책을 수립하는 도구로서의 과학에 대한 대중의 신뢰를 손상시킬지도 모른다는 점을 우려하기도 한다. 하지만 이런 연구는 위험성 평가 정책이 필요하다는 점을 부각시켰다. 왕나비 연구에 관한 최초의 논쟁은 많은 사람들이 아주 늦었다고 생각한 객관적 연구를 당기는 방아쇠가 되었음에 틀림없다. 이처럼 "왕나비 모델"은 과학이 정치적 고려로부터 독립하는 방법을 제시했으며 서로 상대방을 헐뜯는 무익한 논쟁에서 벗어나는 방법을 알려주었다.

유전자 변형 위험성에 대한 정책을 결정하는 사람들은 시민들과 환경운동단체의 광범위한 우려를 기술이나 진보에 대한, 혹은 반대를 위한 반대로 치부하지 말고 고려 과정에 합리적으로 포함시켜야 한다. 위험성과 이익을 모두 고려하는 더욱 포괄적인 과학에 근거하여 정책이 결정되기 전까지는 양극화된 논쟁은 계속될 것이다. 양측은 서로의 신뢰도를 공격하고 도덕적인 우위를 유지하려고 안간힘을 쓸 것이다. 그럴 경우 유전자 변형이 위험하다는 점을 지적하는 과학적인 증거가 아무리 사소하다고 하더라도, 논문의 질이 어떻든지 간에 폭풍의 눈이 될 수밖에 없을 것이다.[19]

제대로 된 정보

일부 생명공학 옹호자들은 대중은 생명공학에 대하여 잘 알지 못하며, 생명공학의 기초적인 지식을 알게 되면 생명공학에 대한 불신이 없어질 것이라고 판단한다.

현재 우리는 폭발적인 인구 증가 때문에 식량 부족이라는 심각한 문제에 직면하고 있다. 그리고 농약 등에 오염되는 농산물과 환경을 보호하기 위한 해결책도 요구되고 있다.

여러 가지 방안 중에 생명공학 기술을 이용한 유전자 재조합 농산물과 그것으로 만든 식품이 대안으로 떠오르고 있다. 그러나 생명공학 작물을 제대로 이해하지 못하고 막연히 불안해하면서 부정적인 입장을 취하는 사람들이 많다.

앞으로 다양한 형태의 생명공학 작물과 식품이 계속해서 개발, 시판될 예정이다. 따라서 소비자인 우리는 생명공학 식품이 과연 무엇이며 어떻게 만들어지는가 정확히 알 필요가 있다.[20]

21세기에 사회가 직면한 최대의 도전 중의 하나는 시대와 호흡을 같이 할 수 있는 모든 연령에 걸쳐 과학 교육을 혁신하고 홍보하는 것이다. 인간의 기본 활동인 식량 생산에 있어서 무지로부터 비롯된 공포에 맞서는 지식보다 더 중요한 것은 없다. 특히 우리들은 도시적인 유복한 사회에서 토지와 실제적인 관계로부터 멀어져 있기 때문에 생물과학과의 간극을 좁혀야 할 필요가 있다. 더욱 많은 사람들이 유전자의 다양성과 변이에 대해서 교육을 받았다면 유럽 등지에서 유전자 이식 작물 공학 사용에 반대하는 소비자들과의 쓸데없는 알력은 피할 수 있었을 것이다.[21]

하지만 생명공학에 얽힌 과학적 사실을 이해한다고 해서 생명공학을 긍정적으로 생각할 것 같지는 않다. 유전자 변형 식품의 사례에서 볼 수 있듯이 대중이 과학을 이해할 때 중요한 것은 '지식'의 측면이 아니라 '신뢰'의 측면이기 때문이다. 이는 곧 생명공학에 관한 지식의 양이 생명공학에 대한 대중의 태도를 결정짓는 것이 아님을 말해 준다. 궁극적으로 생명공학과 이를 둘러싼 사회제도에 대하여 대중의 신뢰를 얻어내지 못한다면, 대중화를 통해 아무리 많은 지식을 전달한다고 해도 생명공학에 대한 대중의 반대와 거부감을 누그러뜨릴 수 없을 것이다. 미국 농무부 장관은 "사람들의 목구멍에 억지로 유전자 변형 농산물을 쑤셔넣는 인상을 주는 것은 미국에게 불리하다"고 말한 적이 있다.[22] 생명공학 산업체는 생산자인 농민와 소비자인 대중과 기술 사이의 신뢰를 구축하는 것이 다면적 방법을 필요로 하는 장기적인 교육 투자임을 알아야 한다.

많은 사람들이 유전자 변형 작물이나 다른 기술적인 위험성을 다룰 때 사전에 대처해야 하며, 개방적이고 투명하며, 참여적인 방식으로 이루어져야 한다고 주창한다. 참여과학자연합은 위험성 평가 연구가 더욱 독립적으로 수행, 해석되고 데이터가 출판될 수 있도록 제3자에 의해 원칙이 확립되고 감시되는 방법을 사용해야 한다고 주장한다. 미네소타대학의 생명안전성 전문가인 앤 카푸친스키Anne Kapucinsky는 만약 안전성 기준이 충족되지 못할 경우 다수의 제3자 조정위원회의 인도 아래 독립적인 안전성 감시자가 유전자 변형 생물체의 방출을 거부할 수 있는 '안전성 우선 정책'을 추진 중이다. 이런 정책을 사용한다면 새로운 기술의 상대적인 위험성과 이익이 불확실한 조건 하에서 사회적으로 더욱 수용하기 쉬운 방법을 마련할 수 있을 것이다. 그러나 위험성과 이익을 평가하는 결정에서 대중이 동등한 참여자가 되지 않는 한 이 정책은 성공하기 어렵다.

생명공학의 제반 쟁점들을 둘러싼 사회적, 윤리적 논쟁은 일방적 계몽이 아닌, 전문가와 일반대중 사이의 대화와 토론, 그리고 이를 통하여 신뢰가 생성될 때 비로소 그 해결의 실마리를 찾을 수 있는 것이다.

제3장

죽지 않으니 먹어라

실질적 동등성
질만 같으면 문제가 없는가?
위협받는 신념
라벨링의 문제
예방은 불필요한가?

제3장
죽지 않으니 먹어라

　유전자 변형 식품이 개발되면서 이제까지와는 다른 도덕적인 도전과 질문들이 제기되었다. 유전자 변형 식품은 생산, 판매, 소비되어도 좋은가? 유전자 변형 식품은 안전한가? 환경에 미치는 영향은 어떠한가? 유전자 변형 식품을 받아들이는 것의 도덕적 함의는 무엇이고, 그런 식품과 관련하여 식품 생산자, 판매자, 소비자와 사회 일반의 책임은 무엇인가? 이제까지의 도덕적 논쟁은 유전자 변형 식품의 건강상 위해, 환경 안전성, 잠재적 이익과 관련하여 이루어졌다. 유전자 변형 식품을 반대하는 사람들은 이 식품이 안전하지 않거나 안전하다고 믿을 만한 충분한 정보가 없다는 주장을 편다.

실질적 동등성

유전자 변형 식품의 안전성을 평가하는 가장 중요한 기준은 실질적 동등성substantial equivalence이다. 유전자 변형 식품을 옹호하는 전문가들은 실질적인 동등성이 유전자 변형 작물에서 유래한 식품과 식품 성분의 안전성을 평가하는 가장 실용적인 접근법이라고 주장한다. 실질적인 동등성은 변형되지 않은 작물과 유전자 변형 작물이 나타내는 특성과 그 성분을 비교하여 평가한다. 기본적으로 첫째, 원래의 작물과 동등한 성분을 가진 유전자 변형 작물, 둘째, 잘 알려진 형질만 제외하고 원래의 작물과 동등한 성분을 갖는 유전자 변형 작물, 셋째, 원래의 작물과는 크게 다른 유전자 변형 작물 등 세 종류의 유전자 변형 작물에서 실질적 동등성을 생각해 볼 수 있다.

첫 번째 범주에 속하는 유전자 변형 식품의 안전성 평가를 위해서는 유전자 삽입물의 분자 특성을 밝히는 것으로 충분하다. 반면에 두 번째 범주에 속하는 유전자 변형 식품을 위해서는 발현된 단백질의 안전성을 평가해야 한다. 세 번째 범주의 유전자 변형 식품을 위해서는 발현된 단백질과 그들의 산물의 분자 특성 규명 및 안전성 평가 이외에도 생물학적 유용성과 건전성 연구를 포함하는 본격적인 평가가 필요하다. 분자 특성을 밝히기 위해서는 삽입된 DNA의 위치, 특성, 안정성, 그리고 복사본의 수 등을 조사해야 한다. 실질적인 동등성은 표현된 특성(예를 들면 질병에 대한 저항성, 농학적 특성)과 영양분, 독소, 항영양소, 알레르기 물질 등을 포함하는 식물의 완벽한 화학적 성분을 확인함으로써 평가된다. 발현된 단백질의 독성은 이미 알려진 단백질 독소, 위장에서의 분해, 식품 가공시 안전성, 설치류에서의 급성 독성 등에 의해 평가된다. 발현된 단백질의 알레르기 유발 가능성은 그들의 아미노산 서열을 이미 알려진 알레르기 유발물질의 것과 비교하고, 소화와 식품 가공시 이들의 안정성을 결정함으로써 평가된다. 만약 유전자 삽입물이 알레르기를 일으킨다면 고체 상태의 면역학적 분석, 피부 자극 테스트, 그리고 심지어는 식품 시도 방법 등을 생각해볼 수 있다.[1]

식품과 사료의 실질적 동등성을 밝히기 위한 여러 가지 시도가 있어 왔다. 일례로 파젯트S.R. Padgette 등은 제초제 글리포세이트glyphosate를 분해하는 효소를 발현하도록 유전자를 변형시킨 두 종류의 대두에서 얻은 콩, 가루, 기름, 레시틴lecithin은 대량원소, 아미노산, 지방산, 혹은 영양저해물질이라는 측면에서 원래 대두의 품종과 실질적인 조성의 차이를 나타내지 않았다는 점을 밝혔다.[2]

또한 해리슨L.A. Harrison 등은 제초제 글리포세이트 내성을 나타내는 효소를 가지고 연구했는데, 이것이 위액과 장액을 빨리 분해하는 것으로 나타났다.[3] 사람이 하루 동안 잠재적으로 섭취할 수 있는 양의 대략 1천 배 정도에 해당하는 양(치중 1kg당 537mg)을 생쥐의 위에 직접 투여했을 때 아무런 해로운 효과도 나타나지 않았다. 효소의 구조를 컴퓨터로 분석한 결과 단백질은 알레르기를 유발하지 않는 것 같았다. 이들 데이터에 근거하여 과학자들은 "글리포세이트 저항성 유전자 변형 대두는 전통적인 대두처럼 안전하고 영양성분이 있다는 결론을 내릴 수 있다"고 했다.

해먼드B.G. Hammond 등은 동물 섭식 연구를 통하여 생쥐, 메기, 닭의 생장과 사료 전환, 젖소의 우유 생산과 조성, 위의 내용물 발효, 질소 소화 능력 등의 측면에서 제초제 글리포세이트 내성 계통은 비변형 품종과 사료 가치가 동일한 것을 밝혔다.[4]

오메트르A. Aumaitre 등도 해충 저항성이나 제초제 내성을 가진 유전자 변형 사료를 먹였을 때 가축의 생장율, 사료 섭취 효율, 육우의 몸집, 닭의 달걀 무게, 우유 생산, 유제품의 비율과 질, 토끼의 소화 가능성 등 동물의 성능이 비변형 식물과 유전자 변형 식물을 먹인 동물 사이에서 차이가 없는 것을 확인했다.[5] 또한 Bt 옥수수를 먹인 가축의 우유, 조직 시료 혹은 계란에서 변형유전자는 검출되지 않았으며, Bt 독소의 발현을 우려할 이유는 없다고 판단했다. 하지만 연구진은 연쇄중합효소반응에 의해서 엽록체 특이 유전자 절편이 이 사료들을 먹인 젖소의 림프구와 십이지장액, 닭고기의 근육, 간, 그리고 지라에서 검출된다는 사실을 확인했다.

그런데 이처럼 유전자 변형 식품이 동물들에 미치는 영향이 비교적 자세히 조사된 데 반해서 실제로 이들 식품이 사람에게 영향을 미치는가에 대한 연구는 거의 이루어지지 않았다. 심지어는 소비자를 대상으로 한 유전자 변형 식품의 임상시험은 이루어진 적이 없다. 생명공학의 옹호자들은 유전자 변형 식품의 안전성은 이미 공인 기관의 검증 과정을 거쳐 확보된 것이고 지난 몇 년간 미국인들이 식품의 일부로 섭취해옴으로써 입증되었다고 주장한다.

하지만 반대자들은 유전자 변형 식품을 대량으로 판매, 섭취하게 하는 것은 유전자 변형 식품의 장기적인 안전성을 측정하기 위한 비도덕적이고 통제되지 않은 인체 실험에 해당한다고 주장한다. 식품이 장기적으로, 그리고 대량으로 모든 소비자에 의해서 섭취될 수 있다는 점을 고려한다면 유전자 변형 식품의 경우 신약의 임상시험보다 더욱 엄격한 통제를 받아야 할 것이다.

일반적으로 신약의 경우 전임상시험Pre-clinical trial 단계를 거친 의약품 후보 물질은 4단계의 임상시험을 거쳐 안전성을 검사받게 된다. 이를 위해서 임상시험기관 내에는 연구계획의 타당성과 윤리적 건전성을 심사하는 임상시험심사위원회를 두도록 규정되어 있다. 우리나라에는 유전자 변형 농산물의 환경 위해성을 평가 심사하기 위한 전문가심사위원회가 있지만, 유전자 변형 식품의 경우 건강 위해성을 조사할 만한 지침이나 기구가 아직 마련되지 않은 상태이다.

앤 클라크E. Ann Clark와 휴 레만Hugh Lehman은 식품이 사람의 건강이나 환경적인 측면에서 안전하다는 결론을 내리기 위해 실제 실험에서 확증된 과학적인 증거가 필요하지만, 규제자들은 거의 실험적인 타당성 없이 가정에 근거한 추론에 주로 바탕을 두고 안전성을 추단할 뿐이라고 주장했다. 이처럼 실질적인 동등성에 의한 안전성의 판단은 유비에 의한 모호한 주장일 뿐이라는

지적이 있다.[6]

질만 같으면 문제가 없는가?

유전자 변형 식품이 건강이나 환경에 아무런 영향을 미치지 않는다고 해도 여전히 문제는 남는다. 식품을 섭취할 때 우리는 단지 그 유용성분만을 고려하지 않기 때문이다. 물론 우리는 살아가기 위해서 식량을 섭취한다. 그러나 사회화를 위해서도 식량은 인류에게 가장 중요하며 가치 있는 것이다. 우리는 식량의 선택을 통해 우리 자신을 표현하며, 종교적이고 문화적인 의식에서 의미와 가치를 전달하는 수단으로도 식량을 사용한다. 이 외에도 식량은 인간에게 매우 밀접한 영향을 끼친다. 이것은 우리의 건강, 신체 구조, 복지에 직접 영향을 미친다. 문자 그대로 우리는 먹는 것에 의해 결정된다고 할 수 있다.[7]

실비 쁘또Sylvie Pouteau는 실질적 동등성 개념은 식품이 생산되고, 식품 사슬의 마지막에 이 생산물이 도입되는 정황을 무시한다고 지적했다.[8] 우리는 식품의 최종 상태만을 따져 구입하거나 섭취하는 것은 아니라는 것이다. 일부 사람들이 혐오하는 식품의 경우 실질적 동등성의 조건을 갖추었다고 하더라도 사람들은 그 식품의 성분이 원래 어디에서 유래했는가에 관심을 가질 것이다. 예를 들면 쇠고기를 먹는 사람이 성분이 같거나 비슷하다고 해서 모두가 개고기를 먹고 싶어하는 것이 아닌 것과 마찬가지다. 또한 결과가 실제적으로 동등하다고 할지라도 식품이 만들어지는 경로 또한 상당히 중요하다. 사료용으로 들여온 식품을 식용으로 전용하는 것에 대해 우리 사회는 강한 거부감을 갖고 있다. 식품위생법이 식품이나 식품첨가물의 채취·제조·가공·사용·조리·저장·운반 및 진열을 엄격하게 규정하고 있는 것도 이런 이유에서이다.

실비 쁘또는 이런 정서를 반영하기 위해서 실질적 동등성 이외에 윤리적 동등성이라는 척도를 도입해야 한다고 주장하고 식품 속에 들어 있는 도덕적인 가치를 고려하자고 제안한다. 우리나라의 농산물품질관리법시행령 제26조(유전자 변형 농산물의 표시 대상 품목)에서는 실질적 동등성에 근거하여 기존 농산물의 구성 성분, 영양가, 용도 또는 알레르기 반응 등의 특성이 다르다고 판명된 품목을 표시 대상으로 규정하는 한편, 인간의 유전자를 식물 또는 동물에 도입한 농산물 등 윤리적으로 문제가 제기되는 품목 등은 유전자 변형 농산물임을 강제적으로 표시해야만 한다는 강제 규정을 두어 부분적으로 윤리적인 측면을 고려하고 있다.

비판자들은 몬산토와 같은 생명공학 기업이나 미국식품의약국과 같은 책임 있는 정부당국이 시민의 건강을 위협하고 있으며, '이를 알지 못하는 미국인과 국제사회'의 종교적인 권리 및 소비자 권리를 침해해 왔다고 주장한다. 책임과학자연합과 환경운동가들은 유전자 변형 식품에 사용되는 유전자 조작된 식물들이 교차교배에 의해서 전통적인 작물을 오염시키거나, 돌연변이를 일으켜 존재하는 제초제로 죽일 수 없는 수퍼 잡초를 만들거나, 혹은 생태계의 평형을 깨뜨려 무해한 특정 종의 멸절을 유도하기도 한다고 우려한다.

　유전자 변형 식품의 옹호자들은 비판자들의 우려가 근거없는 것이라고 주장한다. 이들은 아무런 부정적인 결과도 보고된 바 없으며 유전자 변형 식품은 엄격한 검사를 받아 안전하다고 주장한다. 옹호자들은 알레르기 유발 요인들이 조절될 수 있고 제거될 수 있으며 유전자 변형 작물을 비변형 작물과 격리시켜 놓는 단순한 방법을 통해서 교차교배를 피할 수 있다고 주장한다. 지지자들에 따르면 유전자 변형 작물에 대한 불신은 좋은 과학에 근거한 것은 아니며 이들 작물에 대한 오해에서 비롯된다고 한다. 이들은 반대자들이 잘못된 직감, 문화적 편견, 그리고 숨겨진 경제적 및 정치적 강령에 뿌리를 두고 있다고 비난한다. 옹호자들은 전통적인 식품과 유전자 변형 식품간의 커다란 차이는 없으며 따라서 강제 라벨링은 불필요하다고 강조한다. 유전자 변형 식품을 지지하는 사람들은 세계 기아를 완화시킬 수 있다는 잠재력을 지적한다. 이들은 또한 유전자 변형 식품이 환경에 좋은 영향을 미칠 수도 있을 것이라고 언급한다. 이런 작물들은 유독한 농약 사용을 감소시켜 환경친화적인 농업을 할 수 있도록 한다.

　또한 윤리적으로 미래의 이익을 주장하면서 유전자 변형 식품을 정당화하려는 그룹도 있다. 생명공학 제품에 대해 현재 제기되는 비판에 대해 일부 농업생명공학 옹호자들은 지속적인 연구개발을 정당화하기 위하여 공리주의적인 주장을 편다. 만약 위험

성보다 이익이 크다면 미래에 이익을 생산할 수 있도록 의도된 기술은 윤리적으로 정당하다는 것이다.[9]

유전자 변형 작물이 건강 및 환경에 해를 끼친다는 비판자의 입장과 이들의 주장이 근거없는 것이라는 옹호자의 입장은 유전자 변형 작물 자체에 대한 것이라기보다는 유전자 변형 작물의 영향에 대한 의견인 것이다. 윤리학자들은 이것을 유전자 변형 작물에 대한 외재적 혹은 결과주의적 논쟁이라고 부른다. 이런 논쟁은 이들이 경험주의적인 주장에 의존하고 있기 때문에 설득력이 없다. 현재 그 주장을 뒷받침할 만한 유전자 변형 작물의 효과에 대한 충분한 데이터와 결정적인 증거가 없기 때문에 이러한 논쟁이 가능한 것이다. 하지만 미래에 안전성을 엄격하게 규제하고 위험성을 훨씬 능가하는 유전자 변형 작물의 이익을 제시하게 되면 건강 위해성이나 환경 위해성에 근거한 논쟁은 사라지게 되고 만다.

유전자 변형 식품의 도덕적인 특질을 현재의 불완전한 자료나 경험에 의존하지 않고 독립적으로 결정하는 것은 더욱 도전적이고 흥미로운 임무가 될 것이다. 다른 말로 표현하자면 유전자 변형 식품이 안전하고 이익을 주더라도 유전자 변형 식품에 대해 도덕적으로 반대할 만한 어떤 이유가 있겠는가 하는 문제이다. 이 의문점은 유전자 변형 식품에 대한 경험적인 발견이나 과학적인 결과와는 무관한 윤리적 주장을 통해서만 해결이 가능하다.

위협받는 신념

　일례로 유전자 변형 식품은 종교적인 믿음을 위협할 수 있다. 근본주의 기독교의 관점에 따르면 유전자 변형 식품을 포함한 모든 유전공학은 신이 만든 질서와 어긋나는 것으로 "신의 역할을 대신 한다"라는 불경스러운 조짐으로 거부될 수 있을 것이다. 이것 때문에 어떠한 형태로든 유전 조작에 참여하는 것은 비도덕적인 것이라고 판단된다. 유전자 변형 식품에 반대하는 두 번째 입장은 생명, 식품, 생식은 성스럽기 때문에 사람이 이 과정에 개입하는 것은 잘못된 것이라는 주장이다. 사람이 자연적인 유전 과정에 개입할 경우 생명체와 식품을 변화시키게 되므로 이 산물을 섭취하는 것도 역시 비도덕적이다. 여러 종류를 섞는 것을 금지하는 토라 율법의 경우와 같이 많은 종교들은 특정한 식품을 섞어 식용으로 사용하는 행위를 금지한다. 힌두교나 불교는 쇠고기나 다른 식육제품의 섭취를 금지한다. 혼합된 종류를 섭취하는 것을 반대하는 사람들에게는 다른 종의 외부 유전자를 포함하는 유전자 변형 동식물을 먹는 것이 죄가 된다. 동물제품을 피하는 사람들은 젤라틴이나 동물성 향료를 포함한 제품들을 섭취하는 것과 마찬가지로 동물이나 사람의 유전자를 가진 유전자 변형 식품을 섭취하는 것도 죄를 범하는 일인 것이다. 이슬람교도들은 변형유전자가 기원한 종과 근본적으로 같다고 생각한다. 따라서 돼지와 같은 동물에서 유래한 유전자를 가진 음식을 먹을 수 없다고 한다. 이들은 전통적인 육종 방법에 의하여 얻은 식물과 변형된 유전자를 갖는 식물을 확실하게 구분한다. 이런 주장이 근거하는 증거가 가치가 있는가라는 문제와는 별개로 유전자 변형 식품에 대한 종교적인 반대는 종교의 자유에 따른 가치 때문에 민주사회에서는 신중하게 취급되어야 한다. 이 자유를 침해하면 시민의 신뢰, 나아가서는 민주주의의 근거가 훼손된다.

유전자 변형 식품은 또한 소비자의 권리도 침해할 수 있다. 식품의 구매를 포함하는 시장 매매에서 소비자는 관심, 필요성, 그리고 가치에 부합하는 결정을 내릴 권리가 있는 것이다. 이것이 가능하기 위해 소비자는 정보에 근거한 동의에 따라 구매할 수 있도록 제품에 대해 충분하고 정확한 정보를 가져야 한다. 윤리학에서는 이것을 소비자 각성의 원리라고 한다. 이것은 식품 라벨링을 요구하는 도덕적인 근거이다. 통제하지 않고, 표시조차 하지 않은 채 대량 생산되는 유전자 변형 식품 때문에 미국의 소비자들은 시장의 어떤 식품이 유전자 변형되었는지를 도통 알 수가 없다. 결과적으로 소비자들은 정보에 근거한 동의와 자유로운 선택을 할 수 없게 된다. 더 나아가 유전자 변형 식품을 반대하는 사람들도 굶고는 살 수 없으므로 실제로 선택이나 반환 청구의 여지가 봉쇄된다. 이것도 자유라는 민주사회의 중요한 권리를 침해하는 것이다. 개인이 공격적이거나 불공정한 상황을 피할 수 있는 기회를 박탈당한다면, 강압적이고 비균형적인 취급 대상이 된다. 이것은 자유 시장 교환체제의 중요 조건인 시장 거래 당사자의 동등성을 훼손하며 소비자를 기만하는 요소를 도입하는 것이다.

종교적인 권리와 소비자 권리를 떠나서도 유전자 변형 식품은 중요한 세속적인 가치와 개인의 기본적인 세계관이 되는 개인적 확신을 침해할 수 있다. 세속적인 채식주의자가 동물 유전자가 포함된 식물을 섭취하는 것은 도덕적으로 그른 일이기 때문에 심미적으로 배척할 수밖에 없다. 합성 유전자와 인간 유전자를 포함한 식품을 먹는 것도 역시 받아들일 수 없으며 심지어는 역겨울 수도 있다. 심미주의자에게 유전자 변형 식품은 사람의 "삶의 방식"이나 자연계의 질서 이해를 침해하는 것이다. 환경을 존중하고 그것을 보전하기로 서약한 자연주의자는 사람이 자연 과정에 극단적으로 간섭한 것이라는 이유로 유전자 변형 식품을 받아들일 수 없다. 자연주의자가 보기에 유전자 변형 생물체에서 생산된 이런 식품들은 생태계의 균형을 파괴하며 자기 조절하고 통합하는 능력을 위협한다. 유전자 변형 식품을 섭취함으로써 자연주의자는 자신이 불가하다고 생각하는 과정에 강제로 참여할 수밖에 없다. 이것은 내적인 갈등을 일으켜 사람의 심성을 훼손시킨다.

 농업운동가의 입장에서 유전자 변형 식품은 농업의 구조에도 영향을 미친다. 유전자 변형 식품을 생산하는 거대 기업은 불공정한 경쟁을 통하여 작은 농장들을 시장에서 축출하여 성장할 수 없도록 만들며, 별다른 생계 수단 없이 농민 가족들을 방치하게 될 것이다. 하지만 이것은 유전자 변형 식품에만 국한된 문제는 아니며 대부분의 주요한 기술이 창안될 때마다 어떤 사회경제적 불평등이 조장되었다고 주장할 수도 있다. 노동력을 재편하여,

영향을 받은 그룹들을 새로운 직업에 재배치하여 충격을 최대한 줄일 수도 있다. 하지만 농업운동가의 주요 관심사는 보다 근본적인 것이다. 삶의 방식으로서의 농업은 내면적인, 그리고 독특한 가치를 갖는다. 그것은 소농으로부터 비롯된 인간 관계와 미덕이라는 중요한 삶의 경험인데, 이것은 독특하고 가치 있는 생활방식을 형성하게 한다. 제프리 부크하르트는 다음과 같이 주장했다.

> 자연이 예측불가능하기 때문에 농민들이 땅을 일구어 생계를 삼으려면 인내심 있고 강건하며 자신을 믿고 자연적인 과정을 경외해야만 한다. 농민들은 또한 공동체 내의 다른 사람들과 조화를 이루며 살아가야 하는데, 왜냐하면 상호 존경과 호혜를 통해서만이 농업의 많은 임무들이 혹은 농촌 공동체에서의 생활이 이루어질 수 있기 때문이다. 농민운동은 전통적인 가족농을 진정한 인간의 가치와 미덕을 실천하고, 다음 세대에 전달하는 존재로 보았다.[10]

농민운동가들은 유전자 변형 식물과 식품이 도입되면 이런 삶의 방식은 파괴되고 말 것이라고 주장한다. 프랑수아 뒤프르는 농업은 사회와 동떨어진 생산 활동만으로 국한될 수 있는 것이 아니며, 소비 습관, 품질, 조리법, 문화적 정체성, 사회적 관계 모두가 농업에 달려 있고, 우리가 "농업 문화"라고 부르는 것을 규정하기 때문에 농민의 운명과 다른 시민들의 운명은 떼어낼 수

없다고 주장했다.[11]

라벨링의 문제

위에서 논의한 유전자 변형 식품에 대한 세 가지 반대 이유는 근본적인 윤리와 관계가 있다. 각자의 윤리적 태도는 독특한 방법으로 개인을 정의한다. 그 때문에 도덕적으로 무례하거나 영적으로 해롭고 신념에 반하는 음식을 강제로 먹일 수는 없는 일이다. 음식은 생명 유지에 필수적인 역할을 하기 때문에 먹지 않을 수 없으며 대안도 없는 것이 사실이다. 또한 산업화된 사회에서는 식품 생산의 과정이 고도로 분화되고 사회적으로 조정되기 때문에 개인들이 자신의 식품을 생산한다는 것은 거의 불가능하다. 따라서 유전자 변형 식품을 반대하는 사람은 굶어죽거나 자신의 가치를 부정해야 하는 기로에 서게 된다.

만약 유전자 변형 식품에 반대하는 사람들이 대안을 가질 수 있다면 유전자 변형 식품 때문에 딜레마를 겪지는 않을 것이다. 이들은 유전자 변형 생물체에서 유래되지 않은 식품만을 섭취할 수 있기 때문이다. 많은 소비자들이 유전자 변형 식품을 꺼려하고 있기 때문에 회사들은 자발적으로 그런 식품에 유전자 비변형 GM free이라고 표시하기 시작했으며, 이런 식품들을 시장에서 구할 수 있게 됐다. 하지만 이런 대안도 양심에 따라 유전자 변형 식품에 반대하는 사람들에게는 충분한 해결책이 되지 못한다. 우선, 유전자 변형 식품을 생산하거나 수입하는 여러 나라에서는 상대적으로 적은 수의 회사만이 식품에다 유전자 변형되지 않았다는 사실을 자발적으로 표시한다. 둘째, 시판되는 유전자 변형되지 않은 식품으로 건강에 좋고 균형이 잡힌 식단을 마련하기에는 양이나 종류가 충분하지 않다. 자발적인 라벨링은 기분에 따라 이루어지며 소비자의 영양학적인 필요를 고려해서 이루어지는 것은 아니다. 게다가 대규모 시장을 목표로 커다란 회사에서 생산되는 유전자 변형 식품은 경쟁력이 있고 쉽게 구입이 가능한 반면, 유전자 비변형 식품은 상대적으로 적기 때문에 소비자들이 구입하기 어렵다.

이것이 진정한 해결책이 되지 못하는 다른 이유는 식품 라벨링이라는 그 아이디어의 일반적 한계에서 비롯한다. 만약 식품의 라벨링이 강제적으로 이루어진다고 해도 소비자에게 주어지는 것은 정보 정도이지 실제적인 선택권은 아니다. 라벨에 적혀 있는 정보는 소비자들이 자신이 생각하는 가치와 필요에 따라 결정을 내릴 수 있게 해주는 데는 유용한 도구이지만, 그것의 유용성은 거기서 끝난다. 만약 소비자가 정보를 갖고 식품을 선택한다면, 구입 가능한 충분한 수량과 종류의 유전자 비변형 식품이 있어야만 한다. 다른 말로 하자면 식품 라벨링은 시장에 유전자 비변형 식품이 있을 때에만 가치가 있는 것이다.

하지만 적절한 통제가 이루어지지 않고, 전통적인 식품을 보호하려는 신중한 노력 없이 유전공학이 산업체 규모로 행해지게 된다면 유전자 비변형 식품도 완전히 사라져버릴 수 있다. 비록 현재에는 유전자 비변형 작물이 부족하지 않고 시장에도 식품이 출하되고는 있지만, 적어도 장래에는 야외에서 유전자 비변형 작물이 주변의 유전자 변형 작물에 의해서 오염될 가능성이 있다. 그리고 생명공학 회사의 경제력이 막강하고 유전자 변형 식품의 유출을 조절할 구조도 없으며, 소비자의 의식이 부족하고 정치적 풍조가 농업생명공학을 부추기기 때문에 유전자 비변형 식품이 위축될 조짐 또한 나타나고 있다. 이것이 유전자 비변형 식품이 유전자 변형 식품에 반대하는 사람들의 딜레마를 해결해줄 수 없는 이유이다. 이는 개인적인 차원을 넘는 문제이다.

사람의 식품 선택을 방해, 제한, 혹은 조작하게 되면 사회·정치적으로 상당한 결과가 초래된다. 이는 공동체를 묶어주는 사회의 근본을 이루는 도덕적인 틀을 훼손할 우려가 있다. 특히 사람의 식품 선택을 방해하는 것은 종교의 자유, 회피의 자유, 충분한 정보에 근거한 동의, 개인적 자율성, 자기 표현 등 중요한 정치적인 가치와 원리를 침해하는 것이다. 유전자 변형 식품에 반대하는 사람들은 적대적인 세계에서 무거운 짐을 억지로 지고 살아야 한다. 그것은 기본적인 민주 원리와 법에 상치되는 불공정한 상황이다.

대부분의 민주국가는 개인의 신념을 우선시한다. 예를 들어 보건이나 교육과 같은 다양한 구조적 또는 사회적인 상황에서 개인의 신념은 법적인 보호를 받는다. 하지만 서구 사회는 식품 선택과 관련해서는 동일한 자유를 보장해주지 않고 있으며, 개인을 위해서 식품의 도덕적 가치, 개인적인 중요성, 그리고 자기를 규정하는 역할을 반성적으로 인정하지 않는다. 이것은 시장에서 거래되는 식품의 60% 이상이 유전자 변형되었으며 유전자 변형 식품에 대한 라벨링도 요구하지 않는 미국에서 특히 심각하다. 또한 별다른 규제조치 없이 수입농산물을 수입하고 있는 나라에서도 결과적으로 이런 점에 소홀하게 되는 것이 사실이다. 이런 불균형적인 협약은 궁극적으로 사회 계약의 영향을 받는 사람들의 신뢰를 손상한다. 이런 일이 일어나는 것을 방지하기 위해서 사회는, 특히 정부는 우선 유전자 변형 식품에 대한 적절하고 책임 있는 기본 정책을 세워 유전자 변형 식품의 섭취를 원하지 않는 시민들의 이익을 보호해야만 할 것이다.

그 다음 어떤 사회의 특정한 사회·문화적, 경제적 특징도 고려해야 한다. 유전자 변형 식품에 대한 통일된 기준이 개발되어야 하고 그런 식품을 통제하고 조절할 수 있는 시스템이 이행되어야만 한다. 정보에 근거하여 자발적으로 동의할 수 있도록 유전자 변형 식품에는 의무적인 라벨링을 도입해야 한다. 만약 식료품점에서 유전자 변형 식품을 팔게 된다면 다양한 종류의 전통적인 식품도 판매하여 양심적인 반대자들이 자율적으로 선택할 수 있는 물질적인 조건을 마련해야 한다. 전통적인 식품의 생산을 고무해야 하는 사회정책이 세워져야 하며, 만일 필요하다면 그런 식품을 생산하는 데 보조금을 지급해야 한다. 이런 방법으로 사회는 유전자 비변형 식품을 선호하는 사람들이 그런 식품에 합리적으로 접근할 수 있도록 보장해야 한다.

이밖에도 유전자 변형 식품의 등장은 생산자나 소비자 모두 별도의 비용을 치루어야 하는 경제적 부담을 안게 한다. 농부가 유전자 변형 작물과 비변형 작물을 분리경작하는 데는 별도의 비용이 든다. 소비자의 경우 경제적 부담은 더욱 심각하다. 정상적인 가격을 주고 사먹을 수 있었던 유전자 비변형 식품을 이제는 유전자 변형 식품과 별도로 구분해야 하는 비용 때문에 이전보다 비싼 값을 주고 구매해야 한다. 우리나라에서는 유전자 비변형 콩을 들여오기 위해 농수산물유통공사가 수입 과정에서 철저한 구분 관리를 하고 있다. 미국 현지에서 중합효소연쇄반응법 등을 통해 검사한 식품의 별도 포장, 운송, 보관 등을 관리한다. 결과적으로 2001년 유전자 비변형 콩은 kg당 730원인데 반해 유전자 변형 콩은 660원으로 값 차이를 나타냈다. 또한 식품 표기 방법 등에 의하여 유전자 비변형 식품이 유전자 변형 식품과 별도로 구분되지 않거나, 비의도적 혼입률이 높은 경우에는 건강상의 염려나 종교·윤리적인 이유로 유전자 변형 식품을 원하지 않는 소비자들의 선택권을 무시하게 된다.[14]

현재로서는 완전한 유전자 비변형 제품을 만들기가 매우 어렵기 때문에 식품 속에 그런 물질이 우발적으로 포함되었는지의 여부도 밝히기 어렵다. 한편 여러 나라의 정부와 규제 당국은 유전자 변형 물질의 사용에 대한 믿을 만한 가이드라인을 만들기 위하여 노력중이며 국제적인 합의는 아직 이루어지지 않았다.

예방은 불필요한가?

그런데 나라마다 유전자 변형 기술과 관련한 입장 차이가 현저하게 나타나고 있는 것 같다. 지난 2003년 7월 유전자 변형 농산물을 5년 동안 수입금지 조치하던 유럽연합은 이 조치를 철회하는 대신 유전자 변형 성분을 0.9% 이상 함유한 모든 식품과 사료에 의무적으로 유전자 변형 제품임을 표시하도록 했다. 그 결과 곡류, 채소류 등 사람이 직접 섭취하는 것 이외에도 유전자 변형 원료를 사용하여 가공했거나 유전자 변형 사료를 먹인 육류 등에도 유전자 변형 여부를 표시하게 되었다. 유럽연합이 엄격한 유전자 변형 라벨링 조치를 내리기 직전에 조사한 바에 따르면 유럽인의 70%가 유전자 변형 식품을 원하지 않으며, 94%가 자신들이 유전자 변형 식품의 섭취 여부를 결정해야 한다고 대답했다.[15] 따라서 유럽연합의 이런 조치는 소비자들의 선택권을 존중한 결정이라고 하겠다. 하지만 유럽연합에서 개인이 식품을 선택할 자유는 다국적 생명공학 회사의 로비와 미국 등 곡물수출국의 압력으로 위축되고 있다.

유전자 변형 식품에 적용된 예방 원리는 원래 환경의 위험성을 건전하게 평가하기 위해 제안되었다. 1992년에 발표된 유엔 문서 15호에 따르면 각 국가는 환경을 보호하기 위해 능력에 따라 예방 원리를 널리 적용해야 한다고 규정했다. 심각한 혹은 비가역적인 손상 위험이 예상되는 경우에는 완전한 과학적 확신이 없다는 이유로 환경 저하 방지를 위한 방법을 연기해서는 안된다는 것이다. 또한 1987년 북해 보호를 위한 제2차 국제회의에서는 가장 위험한 물질의 손상효과로부터 북해를 보호하기 위해 과학적인 증거에 의한 인과관계가 완벽하게 확립되기 전까지는 그러한 물질의 투입을 통제하는 예방 원리를 받아들이라고 촉구했다.[16]

예방 원리를 유전자 변형 식품에 적용해야 한다는 주창자들은 건강, 안전, 환경에 미치는 불확실성을 극복하고 미래의 위험성을 감소시키는 원리로 파악하여 이를 수용한다. 반대자들은 예방 원리는 있지도 않은 위험을 가정한 허구적인 원리로, 그리고 사회 전체나 개인적인 이익에 경제적인 손실을 끼치는 것으로 파악하여 거부한다.

유럽연합은 예방 원리를 공공정책으로 채택하여 유전자 변형 작물의 수입과 생산을 엄격히 규제한다. 미국 수출 농산물의 상당 부분이 유전자 변형 작물이기 때문에 유럽의 이런 태도는 무역분쟁을 일으킬 소지가 있다.

일례로 지난 2003년 8월 3일, 미국은 유럽연합의 유전자 변형 식품의 금수조치와 관련, 세계무역기구WTO에 분쟁조정위원회의 구성을 공식 요청했다고 밝혔다. 이같은 미국의 조치는 유전자 변형 식품을 둘러싸고 본격적으로 유럽연합과 무역전쟁을 벌이려는 선전포고나 마찬가지다. 미국의 무역대표부 대표는 유전자 변형 식품에 대한 정당한 근거도 없이 5년 동안 수입을 금지하고, 이제 다시 엄격한 의무적 표시제를 감행함으로써 유럽연합은 실제적으로 유전자 식품에 대한 자유무역을 방해하고 있다며, 이같은 조치는 생산자와 소비자 모두에게 피해를 주는 행위라고 주장했다. 하지만 미국이 의도한 바와 같이 유전자 변형 식품의 수출과 매매가 자유롭게 이루어진다면 미국은 유럽의 소비자들의 의사와는 상반되는 유전자 변형 식품을 강요하게 되는 것이다.

　미국이 유럽에 이처럼 압박을 가하는 것은 실제적으로 유전자 변형 식품에 대한 반대가 미국이 소유한 다국적 생명공학 기업과 제3국에 파급될 영향 때문이다.

　우리나라에서는 1991년부터 연구에 들어가 현재 35종의 작물에서 111종의 유전자 변형 작물을 개발중이지만 아직 영농 현장에서 재배 승인된 유전자 변형 작물은 없는 것으로 알려졌다. 하지만 일부 농민들이 수입된 유전자 변형 작물의 종자를 사용하여 재배하고 있을 가능성은 있다. 식품의약품안전청에 따르면 유전자 변형 작물 표시제가 시행된 2001년 7월부터 2002년 5월까지 수입된 농산물 및 가공식품 3백만 톤 중 1백 40만 톤이 유전자 변형 작물이라고 한다. 현재 수입된 콩, 옥수수, 감자 등 농산물 중 3% 이상이 유전자 변형 농산물일 경우와 이로 만든 가공식품 27종에는 유전자 변형 표시를 실시하고 있으나, 실제로 시중에서 유전자 변형 표시 제품을 찾기는 어렵다.[17]

　작물의 유전자 변형 여부도 수입업자의 책임 아래 표시하도록 하고 있으며, 농림부에서는 원료 농산물을, 식품의약품안전청에서는 가공식품의 표시를 따로 담당하고 있어 체계적이고 일원화된 확인과 추적 조사가 어려운 실정이다. 또한 실험실이나 온실에서 유전자 변형된 작물에 관한 안전성 평가 연구의 일환인 포장 시험 연구는 거의 이루어지지 못하고 있다.[18]

실제로 우리나라에서 유기농 식품을 주요한 마케팅 도구로 활용하는 회사의 두부에서 변형유전자가 발견되었다고 해서 떠들썩한 적이 있었다. '유전자 변형 농산물이 유해한가'라는 여론조사에서 유해하다고 생각하는 답변이 73.6%를 차지하는 등 소비자의 저항이 만만치 않은 편이다.[19]

하지만 유럽이 0.9%를 비의도적 혼입 허용치로 규정하고 있는데 반해 우리나라는 이보다 상당히 높은 3%로 규정하고 있고, 심지어 2002년에는 주한미국상공회의소 대표가 혼입 허용치를 5%로 높이라는 무리한 요구를 해서 사회운동단체들의 항의를 받은 적도 있었는데, 소비자들의 권리를 보호한다는 차원에서 앞으로 이 허용치를 대폭 낮추어야 하리라고 판단된다.

제4장

내일은 배부를까?

녹색혁명의 교훈

감자는 정치다

생산이라는 복잡한 함수

감춰진 진실

값비싼 위험

제4장
내일은 배부를까?

　현실적으로 다루기 어려운 문제가 존재할 때, 그리고 그 문제가 심각하면 심각할수록 사람들은 해결책을 간절히 원하기 마련이다. 현대인이라면 과학기술을 이용하여 이런 문제를 해결하고자 하는 욕망을 대부분 가지고 있다. 그리고 과학기술은 현실적으로 어느 정도 이런 욕망을 채워주었다. 일반인의 가슴에는 내용이 너무 복잡해서 이해하기조차 어려운 논문보다는 거의 예언처럼 들리는 과학자들의 말이 현실감을 갖고 파고들게 마련이다. 하지만 엄밀한 과학적 데이터가 뒷받침되지 않은 예측은 위안은 주지만 해결책은 주지 못한다. 이렇게 해서 현대 생명공학은 좀처럼 풀기 어렵다고 생각한 식량 및 환경 문제를 해결해준다고 사람들을 안심시키는 하나의 신화가 될 수 있었다.
　생명공학의 신화는 기술이 곧 발전이라는 개념을 받아들이라고 요구한다. 일단 이것을 믿게 되면 우리는 맹목적이 되기 쉽다. 하지만 무엇을 위한 발전이라는 말인가? 그 기술은 우리를 어떤 미래로 인도하게 될 것인가?

녹색혁명의 교훈

유전공학에 의한 미래의 농법이 어떤 결과를 낳을지에 대해서는 과거의 녹색혁명을 반성해보면 짐작이 가능하다.

1960년대 초, 일부 비전을 가진 예언자들은 1980년대까지 모든 주요작물에서 생산성이 획기적으로 증가하는 완전 기계화 농업이 이루어지리라고 예상했다. 비료와 살충제의 본격적인 사용과 과학적인 식물 육종의 진보 덕분에 단위면적당 생산량은 적어도 6배 이상 증가할 것이라고 기대했다. 적절한 양의 비료, 물, 살충제를 주었을 때 높은 수확량을 나타내는 품종에 근거한 녹색혁명 덕분에 농업적인 유토피아가 도래할 것이라고 믿었다. 그러나 오늘날에도 광범위한 지역에 걸쳐 기아가 지속되고 있으며, 저장된 막대한 잉여농산물은 이미 흩어져 버렸다. 당초 의도했던 '녹색혁명'은 실패하였다. 무엇이 잘못되었는가?

우선, 녹색혁명에는 에너지가 많이 소요된다. 1960년대의 세계는 오늘날 발생한 에너지 위기를 예견하지 못했다. 원유는 헐값이었으며 생산은 무한정 지속될 것으로 생각되었다. 그러나 지금은 너무도 다양한 쓰임새와 정치적인 상황 때문에 그 값이 수십 배로 치솟은 상태이다. 우리는 이제 원유의 생산이 길어야 100년 이내에 끝날 것으로 생각하고 있으며 그전까지 원유값은 계속 상승할 것이다. 그러나 농업기계, 비료, 살충제, 관개 시스템의 생산과 사용에는 모두 화석연료가 필요하다. 녹색혁명에 의해 유전자가 개량된 품종을 키우기에는 계산이 맞지 않는다. 비록 생산성은 낮지만 비료가 거의 들지 않고 관개를 할 필요가 없으며, 살충제를 주지 않아도 해충과 질병에 저항성을 보이는 어느 정도 수확이 가능한 예전의 품종을 농민들은 선호한다.

녹색혁명에 의해 에너지 집약농업에서 잘 자라는 품종이 개발되고 있을 때, 대량 관개 및 비료 투입으로 이전에는 농업이 불가능했던 지역을 농업지대로 바꾸는 실험도 행해졌다. 적절한 관개 시스템을 도입한 결과 사막은 푸르게 되었지만, 이런 현상은 극히 단기간으로 끝났다. 대부분의 모든 관개수에는 상당한 용존성 염류가 포함되어 있는데 수분이 증발된 후에는 토양에 남게 된다. 이런 염류의 축적을 방지하기 위해서는 막대한 양의 물이 필요하다. 따라서 토양은 점차로 염분을 함유하게 되고, 농업에는 적당치 않게 변해버린다.

비료와 살충제의 사용은 대규모의 환경오염을 불러 일으켰다. 수용성의 질소비료를 과다하게 사용하면 주변의 하천에, 그리고 폭우 뒤에는 호수에 질소가 농축된다. 이것이 전에는 맑았던 수로에 부영양화를 일으킨다. 음용수에 과량의 질산염이 포함되어 있을 경우에는 특히 어린이들에게 건강상 위험도 불러 일으킬 수 있다. 환경 내에 퍼져 있는 살충제, 제초제 등의 농약, 특히 환경호르몬은 생태계를 변화시키고 먹이사슬을 통해 농축되어 동물과 사람에게 직접적인 위험 요인이 된다.[1]

사회비평가들은 고도기술인 녹색혁명 품종을 도입하면 소규모농보다는 기계화가 가능한 대규모의 기업농이 유리해질 것이라고 지적했었다. 이 결과는 사회적으로 바람직하지 않을 때가 많았다. 녹색혁명 기술의 이익은 유감스럽게도 사회에 고루 전파되지 않았다. 기술의 이런 편중된 분포는 녹색혁명의 가장 커다란 약점이다. 모든 창안적인 기술을 도입한 경우와 마찬가지로 녹색혁명에서 이익을 거둔 사람도 있었고 손해를 본 사람도 있었다. 많은 국가 및 지역 정부는 영농방식이 서로 다른 농민들에게, 그리고 서로 다른 사회경제집단에게 이익을 골고루 나누어주지 못했다는 사실이 이제는 명백하게 드러나고 있다. 예를 들어, 아시아에서는 많은 여성 농민들이 농지에서 쫓겨나 비상근 노동자가 되었다. 멕시코에서는 북부멕시코의 관개되는 대형 밀농장을 소유한 사업가가 녹색혁명 품종에서 가장 많이 이득을 본 반면, 치아파스와 다른 산악지역에서 옥수수와 콩을 재배하는 소규모 농민는 이익을 보지 못했다.

우리는 마침내 녹색혁명이 우리의 미래를 담보한 치명적인 기술이라는 사실을 깨닫기 시작했다. 그럼 이 문제를 해결하기 위한 방법은 없을까? 일부 기술지상주의자들은 우리가 예상할 수 있듯이 더 좋은 기술, 바로 생명공학 기술이 그 해답이라고 주장한다. 그러나 좀더 면밀하게 살펴보면 생명공학 기술은 농업 문제를 해결하기보다 더 악화시킨다는 것을 깨닫게 될 것이다.

감자는 정치다

생명공학의 옹호자들은 작물을 키우기 더 쉽도록 만들거나, 식품의 질과 영양을 개선하거나, 재생자원에서 약품과 산업용 화학물질을 만들거나 토양 침식과 살충제의 사용을 감소시키기 위해서 기술의 강력한 잠재력을 내세운다. 하지만 식물의 유전자 변형 기술은 많은 사람이 생각하듯이 만능의 기술은 아니다. 동물과 마찬가지로 식물의 유전적 형질들은 단일한 유전자에 의해서 조절되지 않으며 유전자 변형 기술을 통하여 바꿀 수 없는 경우가 많다. 예를 들어 해충 저항성이나 제초제 저항성과 같이 단일 유전자에 의해서 조절되는 형질들만 다른 종으로의 제한적 도입이 가능하다. 생명공학의 비판자들은 유전자 변형 식품이 사람이 먹어도 되는지, 유전자 변형 식품에서 유전자가 빠져나와 야생식물 친척에 유일하게 존재하는 유전적 정체성을 파괴하지나 않는지, 또는 환경에 부정적인 영향을 미치지나 않는지에 대한 의문을 제기한다.

식품 생명공학을 받아들이도록 소비자를 설득하는 과정에서 생명공학 산업은 세계의 기아를 정복할 수 있다는 신화를 끊임없이 강요한다. 이 주장은 두 가지 가정에 근거하고 있다. 인구가 증가될 것이고, 이에 따라 생산량이 증가되어야 한다는 것이다. 또한 기존의 농업방식으로는 인류를 먹여 살릴 수 없으며, 획기적인 식량 증산을 위해 유전자 변형 방법의 도입이 불가피하다는 것이다.

> 세계의 인구는 금세기 중의 언젠가 100억 명에 도달할 텐데, 이 인구를 먹여 살리려면 작물의 질과 생산성의 지속적인 개선이 중요하다. 특히 25년 이내에 개도국의 식량 생산은 배가 되어야만 한다. 중국, 인도, 인도네시아 등 집약농업지역에서 생산은 이미 유전적인 한계에 다다르고 있으며 이를 배가시키기 위해서는 더욱 커다란 유전적 생산 잠재력이 요구된다. 베타카로틴을 포함하도록 유전자를 변형시킨 황금쌀처럼 영양 잠재력이 개선된 식품은 주로 쌀을 먹고 사는 어린이 중 수십만 명의 실명을 방지하고, 수백만 명의 질병 감염을 감소시키게 될 것이다. 선진국들은 식량 작물의 유전학을 변형시키는 안전하고 효율적인 방법에 상당한 관심을 나타내고 있으며, 그간의 논쟁에서 나타난 의견들은 이 기술의 이점을 찾는데 도움이 될 것이다.[2]

학자들은 세 가지 인구 증가 시나리오를 가지고 있다. 인구가 얼마까지 늘어날 수 있는가라는 질문은 전적으로 지구의 부양 능력에 달려 있다. 인구가 부양 능력을 초과하는 상태에 다다르면 전쟁, 질병, 기아 등의 폭력적 상황에 의해 사망률이 급격하게 증

가할 것으로 예상된다.[3]

　지구가 인구를 얼마까지 부양할 능력이 있는가에 대한 의견은 학자마다 다르다. 어떤 학자들은 현재의 인구가 이미 지구의 부양 능력을 초과한 위험한 상태라고 주장한다. 반면에 인구가 500억까지 증가해도 살아갈 수 있을 것이라고 믿는 낙관론자도 있다. 좀더 중도적인 전문가들은 지구는 80억에서 150억이 될 때까지 세계 인구를 부양할 수 있는 능력을 가질 것이라고 전망한다.

　전세계적으로 인구 증가율은 둔화되는 경향이 있다. 특히 개도국에서도 부부당 두 자녀만을 가지려는 경향이 확산되고 있다. 2010년에 이르러 전세계의 부부가 2명의 자녀만을 갖게 된다면 세계 인구는 2035년에 75억에 도달했다가 점점 감소하게 될 것이다. 2035년에 부부당 2명의 아이를 갖게 될 것이라는 중성장 모델에 따른다면 인구는 1백억 정도에 달하게 된다. 2065년에야 부부당 2명의 아이를 갖게 된다는 고성장 모델에 따르면 1백 40억 정도에 도달하게 될 것이다.

　생명공학 회사들은 가장 비관적인 세계 인구 증가율을 취하여 기술의 정당성을 변호하려 한다. 2020년경에 80억 정도에, 21세기 내에 100억에 도달할 것이라고 예상하면서, 다른 방식의 인구 증가 가능성들은 고려하지 않는다. 평소에 분배 문제에 관심을 잘 갖지 않던 과학자들이 갑자기 세계 인구를 먹여 살려야 한다고 하면서 이런 주장에 동조하고 있다. 미래에 대비하기 위해서 최대의 인구 증가 가능성을 고려해야 한다면, 유전자 변형 식물의 최대 위험 가능성도 고려되어야 한다.

그런데 세계적인 식량 위기가 생산의 문제라기보다는 구조적인 문제라고 주장하는 학자도 있다.[4]

인류를 위해 식량을 생산하는 긴 과정의 마지막 단계는 생산물을 소비자에게 분배하는 것이라고 할 수 있다. 우리는 북미나 오스트레일리아와 같은 지구상의 몇몇 지역이 식량을 과잉생산하고 수출하는 지역이며, 반면에 아시아, 아프리카, 남미는 식량이 부족하여 상당한 식량을 수입하는 지역이라는 것을 알고 있다. 유감스럽게도, 생산된 식량이 궁극적으로 소비되는 데 가장 커다란 장애물은 비효율적인, 불공정한, 억압적인, 그리고 불안정한 경제 및 정치적 체계이다. 일반적으로 과학, 특히 생명공학 분야와 정치 경제 분야는 관련이 없다고 생각하지만, 정치나 경제는 확실히 농업과 관련되어 있으며, 따라서 식량 생산과 소비의 패턴에 궁극적으로 영향을 미친다. 선진국에도 영양을 제대로 공급받지 못하는 빈곤계층이 존재한다. 현재 세계 인구는 약 63억으로 추산되며, 세계적으로 이 정도의 인구는 먹여 살릴 수 있는 식량이 생산되고 있다. 학자에 따라서는 곡물생산량이 전체 인구의 1.5배를 먹여 살리기에 충분하다고 주장하기도 한다.[5]

분배의 문제가 여전히 해결되지 않아 많은 사람이 굶주리고 죽어가고 있다. 많은 사람들은 너무도 가난하여 식품을 살 수 없을 뿐이다. 그리고 스스로를 위해 식품을 키울 땅이나 경제적인 능력을 가지고 있는 사람은 소수에 불과하다.

하지만 생명공학자들은 다음과 같이 반론한다.

어떤 사람들은 "이것은 정치의 문제야" 혹은 "이것은 분배의 문제일 뿐이야" "분배 문제를 해결하면 기아는 사라질거야"라는 유언비어로 모든 문제를 덮어버리려고 한다. 이 답은 부정확하기도 하려니와 경솔한 것이다. 영양실조와 기아를 없애기 위해서는 개도국에서 식량 생산과 구매력을 모두 증가시켜야 한다. 또한 가난한 사람이 살 수 있는 가격으로 수출될 수 있도록 선진국에서의 식량 생산도 증가되어야 한다. 식량 생산을 위해서 토지와 물이 가장 부족한 자원이므로 한 방법 밖에는 없다. 이용가능한 땅에서 증산하는 것이다. 실제로 더 경작할 만한 토지는 없는 것이나 마찬가지다. 2020년이 되면 세계의 농민들은 40%나 더 많은 곡식을 생산해야 한다(선진국에서는 2억 톤 이상, 개도국에서는 5억 톤 이상). 워싱턴 DC의 국제식량정책연구소의 예상에 의하면 저개발국은 2020년이 되면 곡물(주로 옥수수와 밀) 수입을 2배로 늘려야 한다. 그 이유는 그런 개도국에서 5억 톤을 증산한다고 해도 수요를 충족하지 못하기 때문이다. 곡물은 미국, 오스트레일리아, 유럽연합, 그리고 구소련에서 수입된다. 따라서 (가격이 안정되고 저렴하다면) 무역은 증가하게 된다. 하지만 예상되는 세계 수요를 충족시킬 수 없을 정도로 생산 능력이 충분하지 못하기 때문에 재분배는 해답이 될 수 없다.[6]

현재 생산중인 유전자 변형 종자는 주로 제초제 저항성 종자와 해충 저항성 종자 두 종류이다. 생명공학 기업인 몬산토는 자신들이 생산하는 라운드업 제초제에 저항성을 갖도록 변형된 라운드업 레디 종자를 만들었다. 많은 농약을 뿌리더라도 작물이 죽지 않고 견딜 수 있도록 대두, 목화나 카놀라의 종자를 변형하였다. 몬산토와 다른 생명공학 회사들은 옥수수, 감자, 목화에서 식물이 자체 살충제를 생산하도록 변형된 Bt 종자를 만들었다. 만약 유전자 변형 작물이 세계의 식량 문제를 해결하기 위한 것이라면 세계 인구가 가장 많이 먹는 쌀이나 가장 경작 면적이 넓은 밀과 같은 작물이 일차적인 개량의 대상이 되어야 할 것인데, 현재 시판되고 있는 유전자 변형 작물이 미국의 주요 수출품목인 대두와 옥수수 등에 집중되어 있는 것도 의아스러운 일이다. 유전자 변형 작물을 반대하는 사람들은 이런 점을 지적하며 생명공학 기술이 일차적으로 "가난한 사람들을 먹이기"보다는 종자를 판매하는 다국적 기업의 이익에 더 관심을 가지고 있다고 주장한다. 대기업들은 카사바, 수수, 사탕수수, 고구마, 얌, (대두를 제외한) 콩과 같은 가난한 자들의 작물에 관심을 갖고 있지 않다.[7]

다른 위험성을 배제한다면 유전자 변형 작물은 식량 생산과 영양적 가치를 증대시킬 수도 있을 것이다. 소요되는 개발 비용도 상당하겠지만 작물 유전공학의 잠재적 이익도 엄청날 것이다. 하지만 많은 과학자들은 유전자 변형 작물에 의하여 식량이 증산된다고 해도 세계의 식량 문제를 해결하지는 못할 것이라고 염려한다. 이는 불균등한 식량 분배를 야기하는 사회, 경제, 정치적인 문제이기 때문이다. 과학은 식량 문제를 해결하는 데 중요한 역할을 할 수 있지만, 과학만으로 식량 문제가 해결될 수는 없다.

프랑스의 농민운동가 조제 보베는 "감자는 이제 정치다"라는 말을 한 적이 있다. 이것은 식량이 단순히 먹는 것에서 그치지 않고 경우에 따라서는 신자유주의 시장체제를 통해서 우리의 삶을 지배할 수도 있다는 이야기이다. 사기업이 보유한 유전자 변형 기술로 식량을 증산하면 과연 가난한 사람에게 이익이 될까? 가난한 사람은 배불리 먹게 될 것인가? 구매력을 가지지 못하는 한 가난한 사람들은 싼 값의 식량도 충분히 사먹을 수 없다.

미국 식물생리학회장을 역임한 바 있는 마틴 크리스필스Martin Chrispeels는 한때 다음과 같은 질문을 던진 적이 있다.

지구상에 있는 8억 명의 사람들은 가난하고 영양실조 상태이다. 이들은 하루에 1달러 미만의 돈으로 살아가고 있으며, 그들의 밭이 충분한 식량을 내는지를 확신하지 못하거나 식량을 사기에 충분한 돈을 벌지 알 수 없다. 하루에 4만 명의 사람들이 영양실조로 죽어가고 있으며 이중의 반은 아동이다. 녹색혁명에 의해 식량생산이 배로 늘었어도 영양실조와 기아의 문제를 해결하지는 못했다. 40년 전에는 대략 10억의 빈민들이 있었으며, 인구 예측을 한 결과 지구의 인구가 80억에 달하는 2025년에 이르러도 6억 명의 빈민들이 존재하게 되는 것으로 나타났다. 녹색혁명은 여러 가지 일을 했지만 가난을 완전히 없애지는 못했다. 농민들이 더욱 많은 식량을 키우도록 인센티브를 갖게 해주는 구매력을 생산하는 일자리들이 시골이나 도시에서 마련되지 못했다. 농업필수품들의 값이 사상 최저인데도 기아가 지속되고 있다는 것은 역설적이다. 이 문제가 해결될 수 있는가?[3]

과학자들은 생명공학의 이점을 강조하기에 앞서 이처럼 생명공학의 배후에 깔린 복잡한 정황을 이해할 필요가 있다. 만약 생명공학 기업이나 과학자가 정말로 배고픈 사람을 먹이길 원한다면, 이들은 농민들에게 다시 땅을 되돌려주는 토지 이용 기술과 가난한 사람들이 식품을 살 수 있도록 부를 재분배하는 농업 정책이 실행되도록 힘써야 한다.

생산이라는 복잡한 함수

독일 본대학의 경제학자인 마틴 콰임Matin Qaim과 동료인 데이비드 지버만David Ziberman은 인도의 3개 주에서 157곳의 전형적인 면화농장을 둘러보고 나서 2001년 인도에서 유전자 변형 면화는 전통적인 변종보다 80%나 증산했다는 시험 재배 결과를 발표했다.[9]

남아프리카공화국에서의 시험 재배도 비슷한 결과를 나타냈다고 영국 리딩대학의 개발연구자인 스티폰 모스Stephen Morse는 보고했다.[10]

그는 남아프리카공화국의 학자들과 공동연구진을 구성하여

남아프리카공화국의 마카티니 플랫Makhathini Flat, 크와줄루-나탈Kwazulu-Natal 지방의 소자작농을 탐문하여 1998년부터 2000년까지 유전자 변형 목화의 생산량이 전통 작물보다 높다는 결과를 얻었다. 2002년도에는 인도에서 이들 유전자 변형 작물이 전통 품종보다 30%나 높은 수확량을 거두었으며, 농민들의 수입은 헥타르당 3천 루피(63달러)가 증가했다고 다국적 종자 판매 기업인 메히코-몬산토 생명공학 회사Mahyco-Monsanto Biotech의 란자나 스메타섹Ranjana Smetacek은 말했다.[11]

그런데 실제로 생산량은 증가하기는 한 것인가. 유전공학 기업들은 유전자 변형 농작물을 통해 수확량이 증가한다는 주장을 단골로 써먹고 있지만, 유전자 변형 대두에서는 수확량이 감소하는 사례가 많이 보고되었다.[12]

몬산토사 본부가 있는 미주리의 세인트루이스에서 열린 '생물 황폐화'에 관한 첫 번째 회의에 참가한 미국의 대두 경작자 빌 크리스챤슨Bill Christianson은 유전자 변형 대두는 에이커당 5부셀의 수확량 감소를 가져왔다고 증언했다. 25년 동안 대두의 수확량 증가를 연구해 왔던 위스컨신대학의 농학교수 애드 오프링거Ed Opringer는 미국 대두의 80%를 경작하고 있는 12개 주에서 얻은 데이터에 근거하여 유전자 변형 대두가 전통적인 품종보다 4% 정도 수확량 감소를 야기하였다고 말한다. 마크 라페Marc Lappe와 브리트 배일리Britt Bailey의 연구에서는 38개 품종 중 30개 품종에서 전통적 품종이 전반적으로 에이커당 3.34부셀, 즉 10% 가량 수확량 감소를 보인 유전자 조작된 대두보다 수확량이 뛰어난 것으로 나타났다. 미국 과학원의 농업분과위원장인 찰스 벤부르크Charles Benbrook 박사는 1998년도 8천 2백여 개 대학에서 대두를 시범 경작한 결과 라운드업에 저항성을 갖도록 유전자 조작된 대두의 수확량은 6.7% 감소했다고 보고하였다. '만약 미래에 육종이 개량되지 않는다면 이런 대두 수확량의 감소 추세는 단일 유전자 변형과 관계된 주요작물에서 가장 심각한 감소로 나타날 것이다'라고 그는 결론지었다.

네브라스카대학 연구자들이 2년 동안 연구한 바에 따르면 제초제 저항성 대두를 키우면 전통적인 대두보다 생산량이 더 적어지는데, 이 결과들은 찰스 벤부르크의 발견을 재확인시켜준다.[13]

환경그룹도 생산성이 증가했다는 사실을 논박한다. 뉴델리에 근거를 둔 과학·기술·생태연구재단의 부소장인 아프사르 재프리Afsar Jafri는 2개 주에서 개인적으로 연구한 결과 유전자 변형 Bt 면화가 철저하게 실패했다는 것을 발견했다고 주장했다. 이 재단은 유전자 변형 Bt 면화가 전통적인 품종보다 생산성도 나쁘고 해충도 더 많이 끓는다는 결과를 내놓았다.[14]

인도의 유전자행동Gene Campaign은 인도의 마하라수트라Maharashtra와 안드라 프라데쉬Andhra Pradesh 지역에서 생산 수확한 유전자 변형 목화가 솜의 크기도 작고 목화 섬유의 길이도 짧으며 수확량도 적다고 발표했다. 조사자들은 안드라 프라데쉬 농업대학의 과학자들과 함께 야바트말Yavatmal의 6개 마을과 와랑갈Warangal에 있는 10개 마을을 방문하여 100명의 농민을 탐문 조사했다. 그 결과 상인들은 Bt 목화의 값을 높이 쳐주지 않

않으며, 대신 브라마Brahma나 바니Banny와 같은 전통 품종들을 더 좋아했다. 투자 비용은 오히려 비변형 목화보다 에이커당 1천 루피 정도 더 높았다. 실제로 조사한 100농가 중 98농가가 다음 해에는 Bt 목화를 심지 않을 것이라고 밝혔다.[15]

좀더 조심스럽게 생산성을 전망해야 한다는 주장도 있다. 북미나 중국과 같은 온대지역에서는 전통적인 변종에 비해 Bt 면화의 생산량이 크게 늘지 않는다. 미국에서는 2~3% 증산되는 것이 일반적이라고 아칸소대학의 면화연구자인 부랜드Fred Bourland는 말했다. 이에 비해 해충이 더 많은 손실을 끼치고, 농민들이 살충제를 얻기 힘든 열대지방에서는 살충제 저항성 유전자 변형 식물에 의한 개선의 여지가 많다.[16]

생산량의 조사가 목화에만 집중되는 것도 석연치 않다. 모스는 면화에서 이익을 거두었다고 해서 다른 작물에서도 이익을 거둘 수 있다고 생각하는 것은 금물이라고 말한다. 옥수수와 같은 종은 해충보다는 토질이나 수분에 더욱 많은 영향을 받기 때문이다. 게다가 옥수수는 Bt 유전자만으로 방제할 수 없는 다양한 종류의 해충을 상대해야 한다.

유전자 변형 작물은 세계 기아를 해결해주기는커녕 기아의 주요 요인이 될 가능성도 있다. 현재 유전자 변형된 '터미네이터' 기술에 대한 특허는 12가지가 넘는다. 이들 종자는 단일 생장 시기 후에 불임성 종자를 생산하도록 생명공학 회사들이 유전자 변형한 것이다. 농민들은 파종을 위해 자신들의 종자를 남겨놓을 수 없으며, 그 대신 매년 생명공학 기업에서 종자를 구매해야 한다. 세계의 모든 작물을 불임으로 만들어서 세계를 굶주림에서 구한다는 사실을 믿을 사람이 누가 있겠는가? 반 이상의 세계 농민들이 농사를 짓기 위해 종자를 남겨둔다는 것을 생각한다면, 유전자 변형 작물로부터 불임유전자가 빠져나와 이 지역의 작물을 불임화시켰을 때 일어날 수 있는 대량의 기아 사태를 상상해 보라. 인디애나대학의 마사 크로치Martha Crouch의 연구에 따르면, 그런 섬뜩한 시나리오는 매우 실현 가능성이 크다고 한다.[17]

감춰진 진실

유전자 변형 작물이라 해도 별도의 비용이나 관리가 전혀 필요 없는 것이 아니다. 1996년에 미국의 목화 재배업자들은 200만 에이커의 면적에 Bt 독소를 발현하는 유전자 변형 목화를 처음으로 재배하기 시작했다. 이 작물은 미국의 주요한 목화해충인 목화다래나방과 회색담배나방을 방어할 수 있는 것으로 알려졌지만, 그해 텍사스와 조지아의 목화 작황은 좋지 않았다. 이 결과에 대해 제조회사는 해충 저항성 유전자 변형 작물이라고 해도 나방이 창궐할 경우에는 별도로 살충제를 살포해야 한다고 밝혔다. 그러나 미처 이런 정보를 알지 못한 농민들은 해충 저항성 유전자 변형 작물에는 살충제를 살포할 필요가 없다고 생각했기 때문에, 이로 인한 손해는 고스란히 농민들의 몫이 되었다.[18]

생명공학 회사는 시장 확장과 이윤의 극대화가 가능한 유전자 변형 작물을 개발하여 시판하고 있다. 그렇기 때문에 유전자 변형 작물이 재배될 때 농민들이 투입하는 비용보다는 거두어들일 수 있는 최대 생산량이 얼마인가에 관심을 가지고 있다. 반면에 농민은 투입 비용당 거둘 수 있는 최대 이익에 관심이 있다. 생산량이 어느 정도 증가하더라도 투입 비용이 늘어나게 되면 농민들은 오히려 손해를 볼 수도 있다. 생명공학 회사에서 팔고 있는 비싼 종자 가격을 보상하기 위해서는 생산량이 획기적으로 증가되어야 한다. 보다 나은 수확량을 위해 더욱 비용을 많이 투입해야 하므로 영세농들의 안정성과 생존이 위기에 처하게 된다.

인도에서는 최근 유전자 조작 면화를 재배하느라 늘어난 부채를 감당하지 못해 자살한 수백 명의 농민에 대한 보도가 잇따르고 있다. 또 인도의 농업정책 분석가인 데빈데르 샤르마Devinder Sharma 등은 일부 유전자 변형 목화에 Bt 저항성을 가진 해충이 등장하여 예상 외로 병충해가 들끓자 절망한 많은 농민들이 자살하고 있다고 주장했다.[19]

실제로 유전자 변형 작물이 빈곤과 기아를 심화시킨다는 우려는 심심찮게 제기되어 왔다. 2002년 6월 9일 로마에서 열린 세계 식량정상회의에서 그린피스 아르헨티나의 에밀리오 에즈쿠라 Emiliano Ezcurra는 〈기록적인 풍년, 기록적인 기아〉라는 보고서에서 수출지향적인 유전자 변형 작물을 확대 재배한 1996년 이래 식량 안정성이 위협받고 빈곤 해결에 어려움을 겪게 되었다는 아르헨티나의 사례를 발표했다.[20]

인도의 생태주의 운동가 반다나 시바Vandana Shiva는 유전자 변형 작물이 자급자족을 위해서 생물다양성을 사용하는 소규모 농법을 농약과 자본에 근거한 단일작물 농법으로 바꾸기 때문에 기아를 증가시킬 것이라고 주장했다. 다음의 인용문들은 유전자 변형 작물을 재배할 경우 필연적으로 발생할 수밖에 없는 단일작물 농법이 기존의 소량다종 작물 재배와 비교했을 때 전체 식량 생산량에 있어서는 오히려 불리하다는 사실을 경고한다.

소규모 생물다양성을 살리는 농업은 산업적인 단일작물 재배보다는 훨씬 더 생산적이다.

수확량이란 단위면적당 단일작물의 생산량이다. 단일작물 재배시 전 경작지에 단지 하나의 작물만을 심으면 그 수확량은 증가하게 된다. 혼작으로 많은 작물을 심으면 단일작물의 수확량은 낮지만 전체 식량 생산량은 증가하게 된다. 생물다양성의 측면에서 생산성에 근거한 생물다양성은 단일재배 생산성보다 높다. 치아파스 지방의 마야 농민들은 에이커당 2톤의 옥수수를 거둔다는 점에서는 비생산적이지만, 전체적인 식량 생산량은 에이커당 20톤에 달한다.

히말라야 고산지대의 층계식 밭에서 여성 농민들은 야생수수, 비름, 비둘기콩, 검은 녹두, 말녹두, 대두, 소야콩, 쌀콩, 동부, 기장 등을 혼작하거나 윤작한다. 전체 소출은 에이커당 거의 6천kg에 달하는데 이는 쌀을 산업적으로 단일경작하였을 때의 거의 6배에 해당한다.

과학, 기술 및 생태학 연구재단의 연구 결과 농약을 포기하고 짚이나 동물의 배설물, 다른 부산물을 포함하는 농장 자체의 생물다양성에 의해 생산되는 내부 유입물질을 사용하면 농가의 수입이 3배 정도로 증가한다는 사실이 밝혀졌다.

　세계식량기구에 의해 수행된 연구에 의하면 작은 생물다양성에 근거한 농업은 거대 산업적인 단일작물 재배보다 수천 배나 많은 식량을 생산할 수 있다고 한다. 안데스의 토착농민들은 3천여 종의 감자를 키우며, 파푸아 뉴기니아에서는 5천 종에 달하는 고구마가 경작중이며 단일 경작지에서만도 20여 종이 자란다고 한다. 자바섬에서는 소규모 농민은 채마밭에서 607종을 경작하며 전체적인 종의 다양성은 낙엽다우림의 것과 맞먹는다. 아프리카 남부 사하라 지방에서는 여성들이 환금작물의 빈 공간에다 120종의 다른 식물들을 경작한다. 콩고의 시골농가들은 50여 종의 서로 다른 목본의 잎을 먹는다. 동부 나이지리아 지방을 조사한 결과 채마밭은 가구가 갖는 경작지의 2%에 불과하지만 소출은 거의 반에 육박한다고 한다. 이와 비슷하게 인도네시아 지방의 채마밭은 농가 소득의 20%와 자가 식량 공급의 40%를 담당한다.[21]

값비싼 위험

오늘날 대부분의 개도국에서 농민들은 여전히 유전자 변형 작물을 심지 않는다. 일부 농민들은 유전자 변형 목화를 심지만 아시아나 중동, 남아프리카공화국을 제외한 아프리카 전역에서 유전자 변형 식량 및 사료 작물은 상업적으로 재배되지 않는다. 이들 나라의 정부 당국은 농민들에게 유전자 변형 작물을 심을 수 있는 허가를 내주지 않고 있다. 대부분의 경우 생물학적 안전성에 대한 우려 때문이다. 최근에는 새로운 이유가 등장했는데 유럽이나 일본과 같은 고소득 수입국의 소비자들이 유전자 변형 작물을 심기 시작한 나라에서 농산물을 수입하지 않기 때문이다. 이러한 소비자의 기호 때문에 개도국의 유전자 변형 작물 재배가 축소되거나 아예 시작되지도 못하고 있다.[22]

나라마다 이 새로운 생명공학 기술과 관련된 위험성과 이익을 인식하는 데 실제적으로 차이가 나타난다. 미국과 아르헨티나, 중국과 같은 나라의 농민들은 새로운 유전자 조작 작물을 빠르게 채택하고 있으며, 이들 나라의 국민들은 일반적으로 이를 받아들이고 있다.

하지만 특히 유럽과 같은 다른 지역 사람들은 유전자 변형 작물을 광역 재배했을 경우의 환경적인 영향과 유전자 변형 생물체를 포함하는 식품의 안전성에 우려하고 있다. 유럽과 일본에서의 유전자 변형 식품에 대한 강력한 소비자의 거부로 옥수수와 대두 경작 지역에서 유전자 변형 및 유전자 비변형 작물에 대한 분리

경작 체계가 자리를 잡아가고 있다.

유전자 변형에 비판적인 소비자들은 유전자 비변형 식품에 대해 더 높은 가격을 지불할 의사가 있기 때문에, 유전자 변형 곡물과 비변형 곡물을 분리하고 보증제도를 선호하는 시장 수요도 새롭게 생겨났다.[23] 2002년 벌록Bullock과 데스퀼벳Desquilbet은 미국의 종자 생산자, 농민, 곡물 거래상을 위한 비변형 생물의 분리와 보증제도의 비용을 검토하는 논문을 발표했다. 그 결과 농민이 분리와 보증제도를 도입하는데 드는 총비용의 일부는 농민이 씨를 뿌리고 거두는 기구를 깨끗이 하는 단계에서 발생한다는 사실이 밝혀졌다. 즉 유전자 변형 옥수수와 비변형 옥수수를 분리하기 위해서는 옥수수종자 및 농장 생산 단계에서 이들 간의 수분을 방지하여야 하는데, 이런 과정 자체가 막대한 비용이 드는 것이어서 생산자인 농민에게는 커다란 부담이 될 수도 있다.

생명공학 회사들은 물고기의 유전자를 토마토에, 반딧불이의 유전자를 담배식물에, 사람의 유전자를 농장의 가축들에게, 그리고 수많은 유전자 변형 생물체를 만들어내기 위해서 연구에 수십억 달러를 소요했다. 생산성이 낮고 농약을 많이 사용하는 제초제 저항성 작물을 만들기 위해 수천 번의 시도를 한 것이다. 하지만 생명공학은 소비자들에게 실제로 이익이 돌아가는 제대로 된 단 한 종류의 제품도 시장에 출하하지 못했다. 회사가 연구에 막대한 돈을 사용했는데 왜 대중들은 이익은 거의 없고 위험성만 가진 유전자 변형 식품에 돈을 더 지불해야 하는가? 생명공학이 만들어낸 유전자 변형 식품은 이 막대한 투입 비용과 낮은 성공률로 판단해 볼 때, 결코 가난한 사람들이 마음대로 사먹을 수 있는 식품이 아닌 것이다.

제5장

화물 숭배 신화

어르고 뺨치다

종잣돈 노리기

현대판 농노

공룡들의 잔치

생물 관련 지적재산권의 현주소

특허란 이름으로

기적의 약인가, 죽음의 독인가?

결국에 남는 것

제5장

화물 숭배 신화

반세기 이전에 서태평양에 있는 한 섬의 주민들은 거대한 목재로 된 비행기를 만들고 있었다. 정성껏 만들었지만 정작 가까운 곳에 비행장은 보이지 않았다. 목재 비행기는 날기 위해서가 아니라 지역의 사제가 주도하는 종교적 의례를 위하여 만들어졌다. 종교 지도자들은 의례가 집행되면 화물이 하늘에서 내려온다고 주장했다. 화물은 서구인들 자신이 쓰기 위해 섬으로 가져온다고 여겨진 물건들로 채워져 있다. 그리고 나서 백인은 사라지고 조상들이 다시 나타날 것이다. 이러한 의례를 독실하게 행하면 새로운 시대가 열리고, 섬주민들은 서구 침입자의 물질적 풍요를 향유할 것으로 믿었다.[1]

이 의례의 중요한 특징은 백인들의 문물과 제도의 모방을 시도한다는 점이다. 즉 의례의 지도자는 백인 행정관리의 복장과 몸짓을 하고, 그 추종자들은 백인 군대의 사열행진과 의식을 흉내낸다. 그들은 백인의 문화를 자기 것으로 함으로써 그 문화를 통해 백인들이 누리는 제반 혜택이 자기들 것이 된다고 믿는 것이다.[2]

화물 숭배 신화를 재미있는 이야기라고 간단하게 웃어넘길 수만은 없다. 선진국의 경제와 문화가 원주민의 삶을 얼마나 파괴하고 있는지를 극명하게 드러내기 때문이다. 서구식 생산주의 농업방식도 마찬가지다. 개도국의 농업방식을 파괴할 뿐만 아니라, 삶 자체를 파괴해버린다. 왜냐하면 농업은 사회와 동떨어진 생산활동이 아니며 소비 습관, 품질, 조리법, 문화적 정체성, 사회적 관계를 형성하는 것이기 때문이다

어르고 뺨치다

생명공학 기술은 농민들에게 이익 보장을 약속한다. 일례로 해충 저항성을 사용하게 되면 살충제를 뿌리는 비용과 살충제에 노출될 기회가 줄어들고, 다른 일을 할 여유 시간을 가질 수 있다. 럿거스대학의 농업경제학 전문가인 칼 프레이Carl Pray의 연구진이 1999년 12월 중국 북부의 283명의 목화 농민를 대상으로 탐문 조사한 결과, Bt 독소를 생산하도록 유전자 변형된 목화를 사용한

농민들은 헥타르당 생산량이나 목화 질을 떨어뜨리지 않고도 살충제를 덜 사용하는 것으로 나타났다.[3]

Bt 목화를 사용하는 농민들은 재래종 목화를 사용하는 사람들보다 살충제에 덜 중독되었다. 1999년~2001년에 중국 황하 유역의 목화 재배 지역에서 수백 명의 농민을 조사했을 때에도 유사한 결과를 얻었다. 중국에서는 이를 증명이라도 하듯이 상당히 빨리 Bt 유전자 변형 목화가 확산되고 있다. 그들은 이 비용 절감 기술이 목화의 공급을 늘리고, 가격을 낮출 수 있으며, 종자 가격을 고려하더라도 실질적으로 순소득을 올릴 수 있다고 말했다. 하지만 농민들이 이익을 얻게 된 것은 지적재산권 제도가 약하기 때문이라고 프레이는 분석하였다.

지적재산권 제도가 강화된 곳에서는 농민들보다는 생명공학 회사들이 더 많은 이익을 거둔다.[4]

호세 팔크-제페다Jose Falck-Zepeda 등은 1997년 미국에서 2년에 걸쳐 Bt 목화를 재배했을 경우 이익 배분에 대한 예비 추정치를 조사하였다. Bt 목화를 재배했을 경우 세계적으로 거둔 전체 이익은 1억 9천 1십만 달러였는데, 전체 이익금 중 미국 농민들에게 돌아간 몫은 42%에 불과하였다. 유전자 변형 식물을 개발한 몬산토 회사는 35%나 차지했으며, 종자회사인 델타 앤드 파인 랜드Delta and Pine Land 또한 9%를 받았다. 이에 반해 미국 소비자들은 7%에 불과한 이익을 차지한 것으로 분석되었다. 이러한 결과에 대해 팔크-제페다는 수십만 명의 농민, 소수의 생명공학 회사들, 그리고 종자회사들의 숫자를 서로 비교해 보면 생명공학

회사들이 독점적인 종자생산기술을 이용해서 얼마나 이득을 얻는지를 알 수 있다고 하면서, 농민에게 돌아가는 이익은 실질적으로 거의 없는 것과 마찬가지라고 주장하였다.

종잣돈 노리기

이익을 추구하는 생명공학 회사들의 무제한적인 탐욕은 무엇보다도 터미네이터 기술에서 잘 나타난다. 1998년 3월 3일 미국에서 승인된 식물유전자 발현을 조절하는 이 특허는 식물이 세 개의 변형유전자의 상호작용을 통해서 불임종자를 맺게 하는 기술이다. 이들 종자로부터 자란 식물들은 유전자 중 하나가 마지막 단계에서 종자를 죽이는 독소를 생산하여 불임종자를 만들게 된다. 만약 이런 유전자 변형 식물이 불임종자를 만들게 되면 수세기 동안 다음에 파종하기 위해 자신의 종자를 남겨두곤 했던 소규모의 영세농들, 특히 개도국의 농민들은 비싼 돈을 주고 종자회사에서 종자를 구입해야 한다. 하지만 이들은 그럴 만한 경제적인 여유가 없다. 또한 농민들이 불임종자를 맺는 터미네이터 품종 가까이에서 전통적인 품종들을 재배할 경우에 불임종자 품종의 꽃가루가 날아와서 수분되는 바람에 발아율이 떨어지는 종자를 맺게 될 것이라고 우려한다. 그렇게 된다면 개도국 농업의 중요한 특징 중의 하나인 생물다양성은 심각하게 감소할 것이다.

몬산토에 의해서 의욕적이지만 조급하게 추진된 이 기술은 농민들의 격렬한 저항을 받았다. 활동가들은 유전자 변형 작물의 시험장을 습격했으며, 언론기관들은 보도를 통하여 환멸감을 표시했다. 미국 정부는 "대중이 감정적으로 맹렬하게 반대하기 때문에 유전자 변형에 대한 통상전쟁을 시작하기가 두렵다"고 했다. 특히 인도와 잠비아 등 제3세계 국가들은 터미네이터 기술에 격렬하게 반대했다. 이처럼 전세계적인 저항에 부딪히자 몬산토는 이 기술의 상업화를 포기할 수밖에 없었다. 특히 뉴욕 록펠러 재단의 이사장이자 녹색혁명의 주도자 중의 한 사람인 고든 콘웨이 교수는 몬산토 이사회에서 "데이터를 즉시, 그리고 전부 솔직하게 공개하라. 당신만이 이 사태를 모두 해결할 수 있다고 자만하지 말라. 지금은 공격적인 새로운 홍보를 할 때가 아니다. 몬산토는 사회적으로 무책임했으며, 대중은 등을 돌렸다."라고 솔직하고 심각하게 발언했다. 그는 이 문제를 전세계적인 안목에서 종합적으로 다루어야 한다고 촉구했다. 그 결과 터미네이터 기술이 종자를 끝장낸 것이 아니라 기술 자체가 끝장나 버린 꼴이 되었다.

정치의 경우와 마찬가지로 과학과 기술의 발전도 대중의 지지가 있어야만 진보하고 번성할 수 있다. 과학기술이 실용화되고 난 이후에 대중이 의심을 품게 되면, 위험성이 객관적이고 공정하게 평가되었다고 주장해보았자 거의 효과가 없다. 특히 농민들이 생명공학을 신뢰하지 못할 때는 거의 성공할 가능성이 없다.

현대판 농노

생명공학 회사의 주장처럼 유전자 변형 작물의 이익이 잠재적으로 엄청나다고 하더라도, 정작 유전자 변형 작물의 종자를 공급받을 수 있는 농민들은 이미 잉여식량으로 골치를 앓고 있는 선진국의 농민들뿐이다. 예를 들어 식용유를 만드는데 사용되는 카놀라에 노화방지 등의 효과가 있는 라우르산을 집어 넣기 위해 유전자를 조작하면, 카놀라를 재배하는 미국의 농민들에게는 이익이 될지 모르지만 라우르산의 자연 공급원인 야자나 코코넛을 재배하는 열대지방의 농민들은 손해를 본다. 유전공학은 제3세계의 주요 식용작물에는 거의 적용되지 않으므로 이들 나라에 직접적인 이익이 돌아갈 것 같지는 않다. 게다가 특허나 독점 식물 품종을 사용하거나 기계화된 농법이 필요한 작물들을 사용하게 되면 개도국의 농민들은 수입 종자나 외채에 더욱 의존하게 될 수밖에 없다. 많은 농민들은 거대 농업회사에 의해 수탈되어 결국 14세기의 농노제로 회귀하는 것은 아닌가 하는 두려움을 느끼고 있다. 이런 모든 변화에 의해 이미 혼란을 겪고 있는 독립농에 대한 거대 농업회사의 지배력이 커질 가능성이 있는 것이다.

과학은 지식을 발전시키고 과학에 근거한 기술은 경제를 발전시킨다. 만약 농업이 작물, 농민, 기술 간의 상호관계라고 한다면, 부적절한 기술은 나머지 두 요인을 파괴하게 된다. 보통 선진국이 계획하는 기술은 생물학적 다양성이 풍부하고 영세농이 농민의 대부분을 차지하는 개도국에는 적절치 않다.

생명공학이 적절한 기술이 되기 위해서는 ①힘든 노동을 완화시킬 것 ②현존 노동력을 대체하지 않을 것 ③남성과 여성에게 동등한 이익을 줄 것 ④노동기술을 향상시킬 것 ⑤직업의 창출과 도태에 균형이 존재해야 할 것 ⑥높은 생산성과 이익이 확실히 보장되어야 할 것 ⑦현재의 농법보다 생태농업을 촉진시킬 것 등 7가지 주요 조건을 만족시켜야 한다.

하지만 생명공학은 상업적인 이용과 생물다양성과 관련하여 심각한 우려를 낳고 있다. 개도국의 농민들은 토양의 생산성과 환경질을 크게 저하시키지 않는 문화적 농법을 간직하고 있지만, 현대과학은 이를 무시하려고 한다. 유전자 변형 종자에 의존하는 식품 체계 때문에 우리는 전적으로 맞지 않는 비료와 살충제를 투입하게 되고, 이것은 생산자, 소비자, 무역 모두에 전례 없는 곤란을 가져올 것이라는 두려움을 갖고 있는데, 이러한 과정에서 개도국은 가장 큰 희생을 치러야 할 형편이다.

산업체에 의해 농산품이 생산될 경우 농민의 경제에는 악영향을 미친다. 수세기 동안 전해져 내려온 작물 품종이라는 자연의 유산은 유전자 혁명, 컴퓨터, 인터넷이라는 신문화 만큼이나 생명공학 과정을 위해 중요한 것이다. 그것이 작물 개량과 관련된 미래의 생명공학 발달을 위한 안전하고 바람직한 결론인 것이다.

선진국이 획기적인 작물 개량을 위한 기술적인 능력을 가졌다 해도 결국 이들은 개도국의 식물의 생식질에 필연적으로 의존할 수밖에 없다. 조금이라도 개도국의 입장을 고려한다면, 전통을 보존하고 기술을 제한하라는 메시지에 귀를 기울일 필요가 있다.

공룡들의 잔치

생명공학 회사의 인수 합병이 두드러지게 나타나고 있다.[6]

지난 1995년 글락소Glaxo는 웰컴Wellcome이란 제약회사와 합병하여 글락소-웰컴Glaxo-Wellcome을 탄생시켰다. 1998년에는 생명공학 회사 제네카Zeneca가 농약회사 아스트라Astra의 생명공학부문을 합병하여 아스트라제네카Astra-Zeneca가 탄생했다. 1999년 이뤄진 화이자Pfizer와 워너램버트의 합병은 최대 규모의 인수 합병으로 손꼽힌다. 화이자는 2002년에도 파마시아를 매입하여 세계 최대의 제약회사로 성장했다. 2000년에는 글락소와 스미스클라인비첨, 2003년 2월에는 존슨앤존슨Johnson & Johnson 과 생명공학 기업인 스키오스Scios, 그리고 같은 달 로슈Roche와 디제트로닉Disetronic, 최근 2003년 6월에는 생명공학업체인 바이오젠과 IDEC제약이 인수 합병에 합의했다.[7] 숨막힐 정도로 생명공학 회사들의 몸집 불리기가 시작된 것이다.

경제적 위험성에 대한 두려움 때문에 대중은 유전자 변형 식량 작물에 대해 반감을 가질 수 있다. 이는 세계의 식량 공급이 소수의 거대 기업에 예속된다는 두려움, 그러한 기업이 독점 전략을 사용하고 있다는 사실에 대한 두려움, 유전 자원에 대한 소유권이 사부문으로 전이된다는 두려움 등으로 표현할 수 있다. 유전자 변형 식품 산업 합병이 가속되면 결과적으로 경쟁체제를 약화시킬 수 있다는 점에서 이런 두려움은 상당히 현실적인 것처럼 보인다. 정책 결정에 있어서도, 엄격한 규제 승인 과정이 식품의 안전성을 높일 수는 있겠지만, 시장 집중을 증가시키는 대가 또한 치러야 한다. 종자와 농약 제조사들이 합병할 경우 종자나 제초제와 같은 보조 상품을 끼워 파는 사업 전략을 고안할 수도 있기 때문에, 결국에는 유전자 변형 형질을 바람직하지 않은 방향으로 사용할 수 있다. 터미네이터 유전자와 같은 전략이 빈번하게 나타날지 모른다는 우려도 든다. 유전자 혹은 유전자의 '기능'에 대한 특허와 같은 지적재산권을 행사하게 되면 사기업의 이익은 극대화될지 모르지만 사회적인 이익 실현은 늦추어질 수밖에 없다.[8]

식량에 대한 권리는 기본적인 인권(보편적 인권선언 25조와 경제, 사회, 문화적 권리에 관한 국제계약 11조)의 하나이며, 이와 같은 기본적이고 의무적인 인권 책무를 고려하여 전세계적인 지적재산을 규제할 필요가 있다. 국제식량정책연구소의 사무총장인 퍼 핀스트럽-안데르센Per Pinstrup-Andersen은 "정부가 적절한 행동을 취하지 못하는 곳에서는 특히 식량 안전성이 위협을 받게 되며, 국가적인 수준에서의 관리와 정책 실패 때문에 가난이 지속된다"고 주장했다.[9]

지적재산권의 보호 기준이 너무 높을 경우, 이에 따른 피해가 전세계적으로 발생할 것이라는 사실은 여러 학자들이 지적한 적이 있다. 마스커스K.E. Maskus 같은 사람은 발명자의 사적인 권리만을 보호해 준다면 과학 연구에 부정적인 영향이 초래될 뿐만 아니라 경쟁자와 사용자의 사용을 제한하는 불균형을 초래하고, 개도국과 순기술수입국에 상당한 악영향을 미친다고 주장한다.[10]

농민들은 경험에서 지식을 얻고 서로 종자를 나누어 갖는 미덕을 발휘하면서 지난 수천 년간 농업의 창안과 발달에 기여해왔다. 이 경험은 근래 150년 동안 국가에 의해서 좀더 조직적으로 뒷받침되고, 과학에 근거한 연구 노력으로 보충되고 확장되었다. 주로 국가 및 국제적인 공공기관이 농업 연구를 수행하면서, 그 결과를 연구 자체를 수행할 능력이 없는 농민들에게 무상으로 전파했고, 결국 그 이익은 사회 전체로 흘러들어 갔다.

지적재산권을 강력하게 옹호하는 사람들은 지적재산권이 사기업의 연구개발을 촉진하고 투자를 증진시켜 식량 생산을 개선할 수 있기 때문에, 결국 모든 사람에게 이익이 된다고 주장한다. 하지만 더필드Dutfield에 의하면 지적재산권이 식량 개발에 미치는 영향은 명쾌하게 분석하기는 곤란하지만, 극빈곤층에게는 부정적인 영향을 끼치게 될 것으로 예상된다고 한다.[11]

생명공학 회사의 지적재산권이 강화되면 식량체계에서 이루어졌던 힘의 균형이 흔들리게 되며 그 안에서 이익-위험성 관계가 변화된다. 공공자금을 지원 받은 기초적인 연구 결과는 농민이 직접 사용할 수 없게 되며, 여기에서 이익을 거둘 수 있는 사람은 이를 응용 연구로 바꿀 수 있는 채비를 갖춘 사람들뿐이다. 이들은 농민이 이용할 수 있는 새로운 농법과 새로운 상품을 생산할 수 있다. 만약 사부문이 이런 역할을 담당한다면 생산 과정 생산물에 초점을 맞추어 지적재산권을 취득할 것이다. 새로운 생명공학을 기반으로 한 농업기업은 배타적으로 이 기술을 사용하기 위해 특허를 출원하려고 할 것이다. 이들은 주요 공정에 대해 광범위하게 표현된 특허를 얻으려고 노력하거나, 다른 사람이 생산품에 접근하는 것을 방지하기 위해 흔히 "클러스터링"이라고 부르는 여러 특허를 결합시킨 포괄적인 특허를 얻으려고 한다. 또한 일괄특허화bracketing라고 하는 전략을 사용하여 경쟁자의 특허 주위에 자신의 특허를 많이 만들어 놓아 상업화되지 못하도록 방해하기도 한다.

특허 경쟁을 하기 위해서는 특허를 취득하고 이들을 방어할 법적인 전문가가 있어야 한다. 블랭키Blakeney는 "주요 시장에서 단일 특허가 효과를 발휘하기 위해서는 약 20만 달러가 소요된다. 특허를 방어하기 위해서도 적어도 이런 비용이 든다"고 말한다. 소규모 소유권자들은 대개 발명품을 특허받기 위해, 그리고 이들을 팔아치우기 위해 커다란 회사들을 찾을 수밖에 없다.[12]

생물 관련 지적재산권의 현주소

생물종 및 생물질과 연관된 지적재산권을 다룬 국제협약에는 새로운 식물 품종의 특허와 보호라는 두 가지 측면을 다루는 무역 관련 지적재산권에 관한 협정Trips, 생물다양성협약CBD, "식물 재배자 권리PBRs"의 보장을 포함하는 식물 신품종 보호에 관한 국제조약UPOV 등이 있다.

지적재산권의 내용은 농민들이 종자를 마련하는 데에도 영향을 미친다. 선진국의 농민들은 공적 또는 사적 부문에서 연구 개발, 그리고 육종회사와 연계된 공식적인 종자 공급 체계를 통해 종자를 구매한다. 하지만 개도국의 농민들은 대개 수확한 종자의 일부를 다음 해에 사용한다. 식물품종은 미국 이외의 대부분의 사법권에서는 특허를 받을 수가 없다. 최근 유럽연합의 입장은 미국의 입장과 상당히 유사해졌지만, 원래 유럽연합은 식물 품종 특허에 대한 대안으로 식물 재배자 권리PBRs를 개발하였다. 이는 식물 신품종 보호에 관한 국제조약UPOV에 포함되어 있다. 이 조약은 영리 목적이 아니라면 경우에 따라서 새로운 품종을 사용할 수 있도록 허용한다.

식물 신품종의 지적재산권에 대하여 이해당사자들은 서로 다른 의견을 제시한다. 모든 선진국들은 식물품종을 보호할 독자적 sui generis 체계로서 UPOV를 지지하지만, 대다수의 개도국은 이에 반대한다. 생명공학산업계는 식물 재배자 권리에 의해 육종작업을 수행하고 개도국에도 생산품을 판매할 수 있기를 바란다.

영국의 지적재산권위원회를 위한 배경 연구에서 케냐의 랑네카르Rangnekar는 외국에서 육종된 유전물질이 자국의 식물 육종 능력과 식품 안전에 부정적인 영향을 미친다고 지적했다.[14]

다르Dhar는 선진국에 의해 개발되고 UPOV에 포함된 식물 품종 체계를 받아들이는 것은 개도국에 불리하다고 주장하면서, 농민의 권리를 고려하여 농민이 육종한 종자를 다시 사용하는 것을 허용해야 한다고 말했다.[14]

엄격한 특허법이 적용되면 UPOV에서 허용된 것처럼 농민들이 간직한 종자를 다음번에 사용하는 것은 전혀 인정되지 않게 된다. 육종가와 현대 생명공학 회사들은 농민들에게 예외를 인정하면 이익이 줄거나 이익의 기대치가 줄어들 것이라고 생각하기 때문에, 결론적으로 식물품종에 대한 특허와 관련하여 육종가와 현대 생명공학계는 이같은 예외에 강력하게 반발할 것이다.

현재 식물품종까지 특허를 확대하고 식물 재배자 권리가 좀더 특허와 같은 조건으로 바뀌어야 한다는 압력도 제기되고 있다. 하지만 이런 이익을 보장해주는 특허가 도입될 경우에는 몇 년 지나지 않아 몇 개 생명공학 회사들이 모든 주요 상업작물들의 종자 생산을 장악하게 될 것이라는 우려의 목소리 또한 높다.

특허란 이름으로[15]

미국상표특허국USTPO은 1995년 3월 28일, 2명의 미시시피대학의 과학자가 출원한 상처치료제 터머릭을 특허로 승인하였다 (US Patent 5401504). 터머릭은 겨자가루를 만드는 원료인 심황을 사용하는 것인데, 이는 인도 사람들이 전통적으로 이용해오던 치료방식이었다. 이에 대하여 인도의 과학기술연구협의회Council of Scientific and Industrial Research는 "이는 인도에서 수천 년 동안 내려오는 민간요법이며, 인도 사람이라면 누구나 알고 사용하는 것"이라며 즉각 특허승인 취하 소송을 제기하였다. 고대 인도의 산스크리트 경전 등 여러 문헌에 치료법이 기록되어 있기 때문에 이들 연구자들의 특허는 취소됐지만, 전통적 지식과 선행기술이 문서로 기록되어 있지 않다면 특허가 이처럼 잘못 부여될 수도 있는 것이다.

터머릭의 경우처럼 부당한 특허 출원을 방지하기 위해서는 전통적이고 민족의학적인 선행기술과 관련된 정보를 담은 포괄적이고, 믿을 만하고, 근거 있는 데이터베이스를 구축하는 것이 필요하다. 데이터베이스는 사용자 중심으로 쉽게 검색이 이루어지도록 만들어야 하고, 최소한 데이터베이스를 만든 대략적인 날짜, 산물과 관련된 지리적 범위 및 공동체 활동, 효과 등이 포함되어야 한다.

전통적인 의미의 특허 기준에 의하면 발견과 창의성은 명백하게 구분된다. 창의성은 특허 대상이 될 수 있지만 발견은 그렇지 않다. 미국특허상표국이 터머릭의 특허를 철회한 것도 특허에서 제기된 주장이 선행기술에 비추어 볼 때 창의성이 결여되었기 때문이다. 미국에서는 자연계에서 정제되지 않은 형태로 발견된 자연산물이라도 분리 정제된 형태라면 특허가 가능하다. 유사하게 유럽특허협약에서는 원래의 형태로 대중이 이용할 수 없을 경우 새로운 기능이 입증된다면 자연계에서 발견되는 물질에도 특허가 부여될 수 있다. 유전자 서열이나 DNA의 분리물에 특허를 부여할 때 이런 해석이 사용되었다. 때로는 창의성과 발견의 차이가 모호한 경우도 있지만 자연적으로 발생한 것을 단순히 분리하고 특성을 밝혔다고 해서 '참신성'과 '창의성'의 조건을 만족시킬 수 없다는 주장이 설득력 있게 받아들여진다.

실용신안특허Petty patent는 창의적 기준과 관련하여 엄격한 '특허 가능성' 조건을 만족시키지 못할 때 공동체의 창의성을 보호하는 합리적인 방법인데, 유용성에 근거해서 부여된다. 실용신안특허는 국지적인 보호수단으로, 전통적인 공동체 지식의 보호수단으로 제안되었다. 반면 등록상표법과 복사방지법은 상징, 상표, 표어나 그들의 조합과 공동체 지식에서 생산된 아이디어를 보호하기 위하여 이용된다.

지역표시제 또한 매우 강력한 보호장치 역할을 할 수 있다. 이들은 특이한 지리적인 조건이나 사람의 노동력 때문에 독특하고 구분되는 특징을 갖는 농산물을 보호한다. 이에 따라 특정 지역에서 생산된 것이 아닌 농산물을 팔 때에는 지역명을 사용하지 못하도록 보호받는다. 이런 생산물의 예에는 포도주, 샴페인, 코냑, 포트 와인, 셰리주 등이 있다. 이는 유럽에서는 효과적으로 작용하지만 몇 세기 동안 전통적인 농산물 및 비농산물 상품을 생산해왔던 개도국에서는 아직 실천에 옮겨지지 못하고 있다. 대부분의 개도국 정부는 실태조차 파악하지 못하고 있다.

전통적인 지식의 전유(예를 들면 특허가 잘못 부여된 기존 유전자원의 이용 제한)와 기존의 공동체 지식을 사용하여 가치 있는 지식상품을 만드는 창안은 명백하게 구분되어야 한다. 하지만 이 두 범주는 구별되지 않는 경우가 허다하기 때문에 합법적인 창의적 제품이 생물해적질로 비난받기도 한다. 합법적인 재료이전협정을 통하여 생물다양성협약에 의해 허용된 유전자원의 단순한 이용은 생물해적질이라기보다는 생물탐색이라고 인정해야 할 것이다.

그렇다면 문제 해결의 계기가 전통적인 지식에 기반했을 경우, 마지막의 중요한 부분을 완성시킨 창안자와 최초의 문제 해결 계기를 제공한 집단과는 어떤 식으로 이익을 분배해야 하는가? 무엇보다도 토착민과 이익을 공평하게 장기적으로 분배한다는 원칙이 중요하다.

몇 가지 예를 들어 산업체와 원주민 사이의 분배 문제를 어떻게 해결했는가를 살펴보자.

인도 케랄라Kerala 주 티루바난타푸룸Thiruvananthapurum시의 열대식물연구소Tropical Botanical Garden Research Institute(TBGRI)는 식물 트리코푸스 제이라니쿠스*Trichopus zeylanicus*의 항피로 특성을 발견한 원주민들과 다음과 같이 이익을 배분하였다.

전인도 민족식물학 협력연구프로젝트팀All India Coordinated Research Project on Ethnobotany team은 케랄라 주의 서부 가츠 Ghats 지방에 사는 카니Kani족의 구성원들이 이 식물의 열매를 먹고 에너지와 힘을 얻는다는 사실에 관심을 갖게 되었다. 잠무Jammu 지방의 지역연구소Regional Research Laboratory와 TBGRI의 과학자들은 열매를 화학적으로 분석하여 주민들의 주장을 확인할 수 있었으며 지바니Jeevani라는 항피로제를 개발하였다. 이 항피로제는 TBGRI에 의해서 특허화 되었으며 아유르베딕 제약회사Ayurvedic Pharmaceutical Co.에서 생산면허를 받았다. 제약회사는 50%의 면허료와 공장도가격의 2%에 해당하는 지분을 카니 원주민족에게 지불하는 내용을 포함하는 이익 분배 협정에 서명했다. 뿐만 아니라 20여 개 부족이 경작하는 식물을 구매하여 원주민들이 고정적인 연간소득을 얻도록 했다.

    1995년 데이비스 소재 캘리포니아대학의 파멜라 롤랜드 Pamela Roland는 서아프리카 토종식물에서 'Xa21' 유전자를 클로닝하였다. 캘리포니아대학은 벼에서 세균마름병에 대해 저항성을 나타내는 것으로 알려져 있는 이 유전자에 대한 특허를 취득했다. 유전자가 변형된 마름병 저항성 벼 식물은 벼를 재배할 때 사용되는 화학살균제의 양을 현저하게 감소시킬 수 있는 장점을 지니고 있다. 이에 따라 데이비스 소재 캘리포니아대학은 '유전자원사례재단'을 만들어 유전자를 가진 식물이 원래 살고 있었던 서아프리카 지역 학생들을 대상으로 대학원 장학금을 지원하기로 결정하였다.

    1990년 미국 샌프란시스코에 소재한 샤먼제약회사Shaman Pharmaceuticals, Inc는 열대식물로부터 의학적으로 효능이 있는 화합물을 얻기 위해서 민족생물학자, 양의학자, 지역의 식물전문가, 토착민의 치료사와 본초학자로 조직된 야외연구팀을 구성했다. 이 팀은 다양한 지역에서 주술사이기도 하고 의사이기도 한 샤먼의 치료행위를 관찰하고, 재래시장에서 약재로 사용되는 동식물을 검색하여 동식물 후보군을 분류하고 수집했다. 1990년 이후 2년 동안 이런 방법을 사용해서 두 가지 산물을 임상승인 받을 수 있었다. 이들은 이 발견을 근거로 하여 다섯 종류의 항당뇨 제재에 대한 특허를 출원했다.

이들은 협력한 공동체 부락민들의 수요에 따라 이익을 분배하는 단기 및 중장기 공동체 호혜 전략을 추진했다. 단기적인 보상에는 에콰도르령 아마존에 활주로 확장, 에콰도르와 인도네시아의 공동체에 공중보건 워크숍, 숲보전 워크숍, 파트너 공동체에 직접적인 의료혜택 부여, 정수된 음료수 제공 등이 포함됐다. 중기적인 보상에는 전통적인 의약품을 연구하는 과학자에게 장학금과 연구비 지급과 공동체의 과학기술연구에 필요한 인프라 구축 등이 제시되었다. 장기적인 보상의 일환으로는 자연개체군 유산의 일부인 문화 및 생물학적 다양성을 보존하고 자연 및 생명문화자원의 개발과 관리를 위해 비정부 기구인 치료림보존재단 Healing Forest Conservancy을 세우기로 하였다.

축적된 지식을 창조적으로 이용하는 것은 생물의 특성이라고 할 수 있다. 인류도 미래를 예상하고, 창의적으로 대처하고, 살아남기 위해 일련의 선택을 해왔다. 특히 가혹한 환경이라는 한계 내에서 식량, 거주지, 그리고 번식하고자 하는 충동에 대한 지속적인 욕구 때문에 인간은 지적 능력을 활용해야만 하였고, 이런 능력을 결합하여 상호의존적인 문화를 형성했다. 인간의 발명 능력은 지수적으로 신장되었고, 문명이 시작된 이래 현재 상태에 이르기까지 걸린 전체 시간의 2천 5백 분의 일보다도 짧은 시간에 모든 현대 기술이 발전했다.

민족 중심의 사회에서 지식과 기술의 토대는 수직적으로 전달되었으며 씨족공동체 내에 국한되었다. 지식의 문화간 확산은 미미했으며, 공동체 내에서의 지식의 전수는 주로 '도제 훈련'을 통하여 이루어졌다. 후속세대들은 증가하는 욕구나 새로운 원료의 발견으로 새로운 창안물을 만들어냈다. '지적재산권'에서 중요한 공동체 지식의 보호 같은 것은 생각도 못하였다. 자연자원의 보다 바람직한 사용과 공동체의 생존이 창의성의 주된 추진력이었다. 하지만 공동체 지식의 고립된 특성은 바람직하지 않은 자기 교배적 특성으로 굳어져 다양한 문화를 가로지르는 창의성의 발생과 전파를 느리게 만들었다. 축적되고 전달된 지식의 문서화는 거의 이루어지지 못했다.

이와는 대조적으로 과학과 기술을 현대적으로 관리하게 되면서 공동체 내에서의 창의성, 가치 창조, 지식 공유의 공식적인 과정이 시장 기능의 일부로 실현되었다. 지식의 촉진된 확산은 새로운 아이디어의 발생과 적용을 가속시켰다.

지적재산권은 창의성을 법적으로 보장하고 방해물/복사를 금지시킴으로써 창의성을 보호하여 발명자에게 보답하는 공식적인 틀이라고 할 수 있다. 하지만 과학과 기술의 진보와 지적재산권의 법적인 틀 사이의 시차는 점점 넓어지고 있다. 오늘날의 경쟁력은 아이디어가 인식된 순간부터 시장에서 완전한 잠재적인 가치가 인식될 때까지 창의성을 보호하여 프로젝트 관리에서 어떻게 지적재산권을 통합할 수 있는가에 달려 있다. 아이디어를 지적재산권 보호를 받는 창의성으로 바꾸는 속도와 그렇게 함으로써 확실하게 된 가치 창조가 미래의 승자를 결정하게 된다. 학문 간의 영역 파괴, 개발한 지식의 소유권에 대한 공식화된 틀, 고

유 영역을 창조하기 위한 참여자 사이의 이익 분배 등은 사회가 대처해야 하는 문제들이다. 기술의 관리, 창의성의 소유권, 사업화 과정에서의 사회적, 도덕적, 윤리적인 문제들은 점점 더 복잡하게 얽히고 있다.

기적의 약인가, 죽음의 독인가?[16]

글리벡은 골수백혈병 환자에게는 구세주 같은 기적의 신약이다. 환자들은 조직골수이식을 해야 완치가 가능하지만 위험성이 크고 골수가 일치하는 증여자를 찾기 어려워 사그라져가는 목숨을 붙들고 투병해야 했다. 그런데 노바티스라는 제약회사가 이 질병을 치료할 수 있는 글리벡을 만들어냈다. 하루에 한 번 400 내지 600㎎을 먹을 경우 만성골수백혈병의 모든 단계에서 글리벡은 효험을 나타낸다. 우리나라에서도 사용 승인을 위한 임상시험에서 죽음을 기다리던 말기 백혈병 환자가 멀쩡하게 걸어서 퇴원했다는 말이 돌 정도로 신드롬을 불러 일으켰다.

글리벡이 초기 만성골수성 백혈병 환자에게도 월등한 치료 효과가 있다는 비교임상연구 결과가 2003년 3월에 발간된 『뉴잉글랜드 저널』에 발표됐다.[17]

이번 연구는 1,106명의 환자들을 대상으로 18개월 동안 실시됐으며, 새롭게 진단받은 만성골수성 백혈병 환자들 중 74%가 완치

되었다는 결과를 나타냈다. 이런 비율은 기존의 치료 효과가 8%에 불과하였다는 사실과 비교하면 혁신적인 것이었다.

그런데 글리벡은 과연 기적의 약인가? 지난 2002년 초 시판되면서부터 글리벡은 약값이 너무 비싸서 서민 환자들이 감히 사먹을 엄두조차 내지 못하는 약이 되었다. 약값이 너무 비싸서 사먹을 수 없다면 죽어가는 생명에게 그 약은 죽음의 약일 수밖에 없다. 다음과 같은 기사는 말기암 환자들의 절망을 고스란히 드러낸다.

> 한국 노바티스 지사 앞에서 연 집회에서 한 환자는 "처음엔 집을 팔았고, 다음에는 전셋집에서 사글세로 옮겼다. 지금은 가족이 뿔뿔이 흩어져 아이들을 볼 수도 없다"며 울부짖었다. 많은 백혈병 환자들이 돈이 없어 가정이 파괴된 채 죽어갔다.[18]

글리벡을 필요로 하는 환자를 살리는 유일한 길은 약값을 내리는 것이다. 하지만 독점 생산하는 약이기 때문에 약값은 거의 다국적 제약기업의 마음대로 결정된다. 글리벡의 약값은 현행 산정기준에 따라 일인당 소득이 우리나라의 몇 배나 되는 선진 7개국의 약값을 기준으로 83% 수준에서 결정되었다. 최근 보험 적용 범위가 모든 만성골수성 백혈병 환자로 확대되어 2003년 3월부터 환자들은 약값의 10~20%의 비용으로 글리벡을 복용할 수 있게 되었다. 초기·소아 백혈병 환자들도 이런 혜택을 받아 월 30

만원 가량만 부담하면 된다. 하지만 글리벡으로 효과를 볼 수 있는 모든 증상의 환자들이 보험 혜택을 받을 수 있는 것은 아니다. 급성 백혈병 환자와 위장관 기저종양GIST 환자들은 대상에서 제외된다. 건강보험이 적용되지 않는 이 환자들은 월 330만원을 지급해야 한다. 즉 1년에 무려 4천만원이나 되는 약값을 부담해야 하는 것이다.

이 약을 지속적으로 먹으면 활동에 지장이 없을 정도로 병세가 호전되지만 약값을 감당하지 못해 복용을 중지할 경우 말기 환자는 몇 달만에 사망하게 된다. 하지만 대부분의 환자들과 가족들은 그동안 진료와 연명을 위해 가산을 날리고 생업까지 포기한 형편이어서 비싼 약값을 감당하기 어려운 실정이다. 이것은 과학결과물, 특히 의약품이 사유화될 경우 어떤 일이 벌어질 수 있는가를 우리에게 명백하게 보여주는 사례이다. 2001년 8월 우리나라가 글리벡의 보험약가를 17,862원으로 결정한 이후 무려 6개월이 지나는 동안 노바티스는 새로운 근거를 제시하지도 않은 채 1캡슐당 25,005원에서 한 푼도 깎을 수 없다는 입장을 고수했다. 그리고 글리벡의 공급이 중단될 수도 있다고 엄포를 놓았다. 이런 식으로 사기업이 최대이윤을 추구하는 것이 무엇이 문제냐고 반론을 제기할 수도 있다. 그러나 사기업이 최대이윤을 고수하기 위하여 줄다리기를 하는 동안 환자의 치료받을 권리는 도외시되고 환자들은 죽음에 이르게 된다. 기업의 이윤 때문에 환자가 목숨을 잃는다면, 이는 정당한 지적재산권의 행사라고 할 수 없다. 지적재산권의 남용, 혹은 지적재산권을 방패삼은 살인행위일 뿐이다.

  노바티스는 스위스 본사의 공장원가에 기초했다고 주장한다. 하지만 노바티스는 거듭되는 요구에도 불구하고 글리벡의 R&D 비용도, 생산원가도 제시하지 않았다. 노바티스가 주장하는 생산 비용 가운데는 연구 과정에서 받았던 공적 지원이 고려되지 않았다. 글리벡은 세금의 혜택과 민관연구기관의 연구지원이 없었다면 개발될 수 없었다. 글리벡은 1960년대부터 30년간 수많은 과학자들에 의해 연구된 백혈병의 원인과 치료방법에 대한 지식에 기반하여 1991년부터 1998년까지 미국 오레곤 암재단과 노바티스가 공동으로 개발한 약이다. 미국립보건원이 가장 많이 팔리는 5가지 약물의 개발 기여도를 조사한 결과 미국 세금 부담자와 외국대학 연구기관이 전체 개발의 85%에 달하는 기여를 한 것으로 드러났다. 미국의 희귀의약품 법안을 살펴보면 미국 내 환자의 수가 20만 명 이하이거나, 20만 명을 넘기는 해도 이윤 회수가 불투명한 약물들에 대해서는 사적 부문이 투입한 개발자금의 50%에 해당하는 금액을 세금에서 면제하고 있는데, 노바티스도 1998년부터 4년간 임상실험을 하는 동안 희귀의약품으로 지정받아 임상실험에 소요한 비용의 50%만큼 세금공제를 받았다. 이렇게 볼 때 노바티스는 백혈병 치료를 위해 지원된 공적인 비용을 환원해야 마땅하다.

  실제로 노바티스가 제출한 글리벡 특허자료와 시약 전문 생산업체인 시그마알드리치의 브로셔를 근거로 글리벡 원료의약품 1kg의 생산원가를 계산해 보면 6,499달러이다. 글리벡 한 알의 함량이 100㎎이므로 글리벡 한 알당 원료비는 고작 66센트에 불과하다. 노바티스가 제시한 가격은 원료비의 30배에 이른다. 이 가격조차 소매가로 계산한 것이므로 도매가로 시약 등을 구매한다면 가격은 더 떨어질 것이다. 결국 생산원가와는 무관하게 최대 이윤을 추구하려고 책정된 것이 현재 글리벡 약가의 정체이다.[19]

이미 노바티스는 글리벡으로 제품을 출시하고 12억 1천만 프랑(스위스 화폐단위), 즉 1조 440억 원의 매출을 기록했다. 신약의 평균적인 개발비용인 2억 달러는 물론이고 노바티스 관계자가 제시한 개발비용 8억 달러를 훌쩍 뛰어 넘은 것이다.

이같은 문제의식에서 출발해 글리벡 공동대책위원회는 2003년 1월 특허청에 글리벡에 대한 강제실시권을 청구했다. 강제실시권이란 WTO 지적재산권협정TRIPs 31조에 명시되어 있는 것인데, 국가 비상 사태나 긴급 상황, 공공의 이익을 위한 경우 특허권의 일부를 제한할 수 있도록 한 내용이다. 협정 31조에 따르면 의약품이 지불 가능한 가격으로 사용될 수 있도록 정부는 강제실시권을 시행할 수 있으며, 강제실시권이 발동하는 영역을 제한하지 않는 것으로 규정하고 있다.[20]

강제실시권을 적용하면, 노바티스사의 글리벡 특허권을 잠정 중지시키고, 공기업을 만들어 국가의 지원으로 무상으로, 혹은 매우 저렴한 가격으로 약을 생산하거나, 이미 이같은 방법으로 복사 의약품을 생산하는 외국 업체를 통해서 약을 수입하여 백혈병 환자에게 공급할 수 있다.

노바티스사가 강제실시 검토에 대해 '특허권에 대한 심각한

도전'이라고 반박한 것은 특허제도에 근거한 주장이다. 현재 지적재산권은 WTO하의 TRIPs협정에 의해 보호받고 있으며, 특허권자는 20년 동안 그 독점을 보장받는다. 그러나 같은 협정 제31조에는 국가 긴급사태 및 공적인 비상업적 사용public non-commercial use을 위한 강제실시가 규정되어 있다.

2001년 11월 14일 카타르 도하에서는 '공익을 위한 강제실시'와 관련하여 TRIPs의 규정에도 불구하고 WTO 회원국들은 각국이 공중 보건과 관련된 조치를 방해할 수 없으며, 강제실시권을 허가할 권리가 있다는 선언문을 채택한 바 있다. 에이즈 환자들과 같은 난치병 환자들이 비싼 의료비용으로 인해 목숨을 잃는 사태가 벌어지자 지적재산권이 환자의 생존권을 침해해서는 안 된다는 국제적인 합의를 하기에 이른 것이다. 이처럼 강제실시는 지적재산권이나 특허권에 대한 도전이 아니라 지적재산권 남용에 대한 정당한 자구행위라 할 수 있다.

이미 노바티스는 이미 1993년에 미국에서 강제실시를 당한 전례가 있고, 최근에 베트남에서도 AIDS 관련 약품을 강제실시한 사례가 있다. 브라질에서는 다국적 기업인 로슈가 개발한 AIDS 치료제인 비라셉트Nelfinavir라는 약품에 대해 강제실시를 시행한 적이 있고, 이를 계기로 로슈사는 비라셉트의 가격을 40%까지 인하하기도 했다. 국내에서도 일부 시민단체가 강제실시를 강력히 요구하고 있다.

이에 대해 특허청은 2003년 3월 4일 "전염성 기타 급박한 국가적, 사회적 위험이 적음에도 불구하고 발명품이 고가임을 이유로 강제실시를 허용할 경우, 발명자에게 독점적인 이익을 인정하여 발명의식을 고취한다는 특허제도의 기본 취지를 훼손한다. 현재 모든 만성골수성 백혈병 환자에게 보험이 적용되며, 이 경우 환자의 실제부담액은 보건복지부가 책정 고시한 약가의 10% 수준이다. 글리벡의 공급이 현재 정상적으로 이뤄지고 있다. 대외무역법에 의한 자기치료 목적의 수입이 가능하다."는 이유를 들어 재정청구를 받아들지 않았다.[21]

결국 정부는 공공의 이익보다는 다국적 기업의 이익에 굴복하고 만 것이다. 2002년 7월 당시 보건복지부 장관이 배후의 다국적 기업 로비 외압설을 발설하면서 결국 물러난 것은 한국도 공룡기업의 손아귀에서 전혀 자유로울 수 없음을 보여준 사례이다.[22]

결국에 남는 것

1980년 미국대법원은 제네럴 일렉트릭의 미생물학자인 아난다 챠크라바르티가 개발한 원유를 먹는 박테리아에게 특허를 허가하였다. 그 이전까지 생명과학자들은 특허에 거의 관심이 없었다. 왜냐하면 모든 형태의 생명에는 특허를 부여할 수 없다고 여겼기 때문이다. "사람이 만든 모든 것"에 특허를 줄 수 있다는 포괄적 의도를 드러낸 대법원의 결정은 다수의 재조합 DNA의 결과도 특허 대상이 될 수 있는 길을 열어주었다. 1998년 미국특허상표국은 하버드대학이 요청한 암에 걸리기 쉽도록 유전자가 조작된 생쥐에 대해서도 특허를 허가하였다. 그 뒤 미국특허상표국은 봇물처럼 밀어닥친 DNA 유전자 서열에 관한 특허 신청을 처리하느라고 몸살을 앓고 있다.

일찍이 경제조류재단Foundation of Economic Trends의 생명공학 반대자 제러미 리프킨Jeremy Rifkin은 특허에 반대했다. 1995년경에는 대중들이 특허에 대한 논쟁에 참가하기 시작했다. 그해 80개 교단을 대표하는 종교지도자들은 생명에 대한 특허 부여에 반대하는 성명서를 채택하고, 모라토리엄을 선언하도록 정부를 설득하였다.[23)]

미국에서 조사한 바에 따르면 대다수의 생명과학자들은 이와 같은 움직임에 반대했다. 또한 대부분의 연구자들은 "재조합 DNA에서 유래한 살아 있는 생물체에 특허를 부여하는 것"을 인정했지만, 구체적으로 무엇이 특허 가능한가에 대해서는 커다란 차이가 있었다. 이들의 태도는 복합적이라고 할 수 있다. 다수가 재조합 DNA의 처방, 산물, 과정에 특허를 주는 것을 승인하는데 반해 유전자나 인간단백질에 특허를 부여하는 것을 지지하는 사람은 적었으며, 극소수의 과학자만이 DNA 서열이나 유전자 절편에 특허를 부여하는 것에 찬성했다. 과학자들은 '물질의 성분' 보다는 '유용성'에 특허를 부여하는 것을 선호했다.

특허는 정치 경제적인 도구로 작용해왔다. 예를 들면, 1991년 미국립보건원NIH은 수천 건의 인간 DNA 서열에 대해 특허를 신청하면서 연방정부는 산업체에 의한 투자를 더욱 유인하여 납세자의 연구 투자를 극대화해야 한다는 식으로 정당성을 부여하였다. 미국립보건원을 통해 빠져나가는 수십억 달러는 이익을 창출하고 그것을 납세자들에게 돌려주기 위하여 상업적으로 개발되어야 하며, 이를 위해서는 지적재산권의 공격적인 출원과 면허가 필요하다는 것이다. 1995년 미국립보건원은 유방암 유전자를 사기업과 공동으로 특허 출원하면서 두 사람의 연구원들을 특허권자로 지명하여 특허에 따른 수입원을 확보하고자 했다. 미국립보건원은 특허제도가 정부의 창안품을 사부문에 전달해주는 기본적인 기제라는 원칙을 갖고 있다.

특허권자는 특정 기간 동안 법적으로 기술에 대한 독점권을 행사할 수 있는 대신에 적절한 기술을 가지고 있는 사람들이 생산물이나 과정을 사용할 수 있도록 모든 정보를 제공해야 한다. 하지만 연구 결과가 상업화됨으로써 비밀을 유지하려는 경향이 강화되었고, 이에 따라 과학 발전의 토대가 되는 과학자 사이의 학문적인 교류나 협력 정신이 와해되고 있다. 사실상 특허를 반대하는 사람들은 정보의 유출이 사회에 해가 되지 않는 한 과학자들의 발견은 과학공동체 내에서 자유롭게 공유되어야 한다고 생각한다. 지적재산권은 과학적 진보를 방해한다고 주장하는 사람들도 있다.

순수한 과학은 진리를 위해서 진리를 추구한다. 과학자가 받는 보상은 바로 발견의 순간에 느끼는 희열이며 일단 지식이 얻어지면 과학자는 사회를 이롭게 하는 잠재력을 지닌 지식을 보급할 책임을 진다. 실험실에서 발견된 것을 특허로 만들어서는 곤란하다. 그런다면 과학적인 공유와 개방성은 완전히 붕괴되어버리고 말 것이다.[24]

하지만 특허를 지지하는 사람들은 불법복제에 대한 보호 없이는 생명과학의 많은 성과들이 비밀로 다뤄질 수밖에 없을 것이라고 말한다. 이런 관점을 지지하는 과학자들은 연구자들이 자신의 발견을 알리기 위해서 출판했던 과학 논문도 특허와 동등해야 한다고 생각할 정도로 극단적인 입장을 취하기도 한다.

몇몇 과학자들이 제안하듯이 특허권은 연구와 상업적 적용 속도를 늦추고 특허권자를 보호할 수는 있지만 궁극적으로 많은 유용한 연구를 막아버릴 수도 있다. 유전자 변형 작물들에 대한 특허를 놓고 일부 생명공학 회사들이 법적인 분쟁에 뒤얽혀 있는 것을 보면 이런 사실이 실제로 일어날 수 있다는 것을 알 수 있다.

그렇지 않다면 유전자 변형 연구가 특허화되면서 상업적 적용과 생명공학 제품의 개발이 촉진되었는가?

미국립보건원이 기업체와 맺은 협력 연구 및 개발 사례가 1988년에는 39건에서 1993년에는 109건으로 증가했다는 사실은 이런 질문에 대한 긍정적 답변이 될 수도 있다. 하지만 정부와 사회에 대한 충분한 보상 없이 정부가 산업체의 이익을 위하여 장기적인 프로젝트에 기금을 대는 것에는 많은 위험부담이 있다. 연구의 상업화를 통하여 과학자들과 과학 프로그램은 적절한 재정적인 보상을 받을 수도 있겠지만, 결국 과학적인 진리보다는 재정적인 이득이 강조되는 우를 범하게 된다. 이를 막기 위해서는 정부가 지원한 연구는 개인적인 이득으로 전환되어서는 안되며, 이로부터 유래하는 어떤 것이라도 시민의 이익을 위해 사용되어야 한다는 가이드라인이 지켜져야 한다.

제6장

복제인간

복제 사기극

투기성 기술

왜 하필이면 인간복제인가?

배아줄기세포와 성체줄기세포

고장난 심장

다른 성체줄기세포들

불안한 효과

줄기세포냐 암세포냐

배아복제의 윤리적 문제

대안은 없는가?

제6장

복제인간

복제 사기극[1]

    2001년 8월의 어느 날 미국 식품의약국 수사관들은 웨스트버지니아주의 니트로라는 한적한 시골 마을의 폐교를 급습했다. 외계인이 지구 생명체를 창조했다며 외계인을 숭배하고 인간복제를 선언해 파문을 일으킨 라엘리언이라는 유사종교집단의 인간복제연구소를 찾아내기 위해서였다. 1950년대에 지어져 이제는 지역경찰서와 배관회사, 보육원 등이 입주해 있는 이 건물은 겉으로 보기에도 무척 우중충했다. 낡은 벽은 낙서로 얼룩져 있고, 전깃불도 제대로 들어오지 않는 어두운 실험실 복도에는 부서진 사물함과 쓰레기가 나뒹굴고 있었다. 제보자가 알려준 대로 건물 2층의 맨 마지막 방에서 인간복제 비밀 실험이 행해지고 있는지 불빛이 새어나오고 있었다. 수사진이 문을 박차고 들어가자 실험에 열중하고 있던 3명의 연구원들은 어안이 벙벙한 표정을 지었다. 그러나 정작 어이가 없었던 쪽은 수사관들이었다. 첨단의 실험실답게 최신 실험설비가 있으리라고 기대했는데 방안에는 고작 몇 대의 실험기기와 인큐베이터가 작동하고 있을 뿐이었다. 그뿐 아니라 열린 창문으로는 벌레들이 날아 들어와 천정에서 붕붕거리고 있었다.

  하지만 이 정도라도 클로네이드가 인간복제에 손을 댈 수 있었던 것은 웨스트버지니아 주의원이었던 마크 헌트의 지원 덕분이었다. 헌트 부부는 심장병으로 숨진 10개월 된 아들을 되살리기 위해 냉동체세포를 복제해줄 것을 클로네이드에 의뢰하면서 '바이오 서브' 라는 명의의 회사에 50만 달러 정도를 지원했다. 바하마제도에서 회사 간판만 내건 채 변변한 실험시설조차 없던 클로네이드측은 2001년 초 미국 웨스트버지니아주 니트로의 폐교를 빌려 극히 초보적인 '인간복제실험' 을 하기 시작했다.

  이 비밀 연구는 프랑스 출신 생화학자이며 라엘리언의 성직자인 브리지트 브와셀리에가 지휘하고 있었는데 월세 350달러짜리 방에서 기본적인 장비를 구비한 후 대학원생 정도의 학력 수준인 유전학자와 생화학자, 체외수정 전문가 등 3명의 연구원을 고용하여 인간복제는 고사하고 근처 도살장에서 도축한 소의 난소에서 난자나 채취하여 기본적인 발생 실험을 하는 정도였다. 미식품의약청FDA은 즉시 이 실험실을 폐쇄시켰으며 미연방대배심은 클로네이드가 복제 능력이 없으면서도 투자자들을 속인 것은 아닌지 사기혐의 적용을 놓고 조사를 진행했다. 클로네이드의 사기극은 이것으로 끝나는가 했다.

그러나 2001년 가을 클로네이드사는 최초의 인간배아복제에 성공했다고 발표했고, 2002년 12월 26일 미국에서 가진 기자회견에서 30살의 미국인 산모에게서 체중 3.2kg의 최초의 복제아기 '이브'를 제왕절개 수술을 통해 출산하는데 성공했다고 발표했다. 이들의 주장에 따르면 우선 산모의 역할을 한 여성의 자궁에서 채취한 난자의 핵을 제거한 다음, 같은 여성의 체세포를 넣어 복제수정란을 만들었다고 한다. 이후 복제수정란을 이 여성의 자궁에 착상시킨 후 이브를 출산하게 되었다. 따라서 이브의 경우 복제 단계에서 중요한 세 가지 조건인 체세포 제공자, 난자 제공자, 대리모가 모두 동일한 여성이 되는 셈이다.

이에 비해 복제양 돌리, 복제소 영롱이 등 이전의 여러 복제 동물은 체세포 제공자, 난자 제공자, 대리모가 각각 다른 경우가 많았다. 이론적으로 보자면 이브의 경우 '완벽한' 복제인간에 해당하지만, 실제 복제는 쉽지 않다는 게 전문가들의 견해이다.[2]

클로네이드의 비판자들은 DNA 검사 결과를 제시하지 않은 채 복제아기가 출산되었다고 발표한 것은 라엘리언이라는 종교를 알리기 위한 정교한 사기극일 가능성이 있다고 주장했다. 더군다나 교주인 라엘이 유전자 검사의 중단을 지시하여 이 의혹을 더욱 부채질했다. 이제는 범죄 현장 수사에서도 DNA 검사를 할 수 있을 정도로 보편화되어 있는데, DNA 검사 결과를 동반하지 않은 복제인간 성공 주장을 어떻게 믿겠느냐는 것이다. 또한 복제아기를 출산할 때 나오는 혈액에서도 얼마든지 유전자 테스트가 가능한데 클로네이드가 검사를 중단시킨 이유를 납득할 수 없으며, 검사에 소요되는 시간도 브리지트 부아셀리에 클로네이드 사장이 밝힌 것보다 훨씬 짧은 24~48시간이면 충분하다고 지적했다. 이에 대해 클로네이드사는 복제아기의 부모가 DNA 검사를 꺼리고 있다고 주장했다.

클로네이드사가 밝힌 복제아기 출산 성공률도 과학자들이 예측하고 있는 것보다 어처구니없을 정도로 높다. 이들은 총 10명의 복제아기를 시도했고 그중 5명이 성공했다고 밝혀 50%의 성공률을 보고했으나, 일반적으로 예측되는 복제인간의 출생 가능성은 1%도 채 되지 않는다는 것이다. 또한 과학자들은 최종 결과를 내놓기 전에 학회지 등에 중간 결과를 발표하는 것이 보통인데, 클로네이드는 인간복제는커녕 동물 복제에 관한 논문 한 편 발표한 일이 없다는 것도 그들의 주장이 신뢰를 받지 못하는 이유이다.

인간복제에 대한 사람들의 관심이 뜸해진 2003년 3월말 클로네이드사는 다시 자사 홈페이지에 작년 12월 이후 복제되어 일본에서 태어난 인큐베이터 속 아기의 사진을 공개했다. 브리지트 부아셀리에 클로네이드사 사장은 24일 지사 설립차 브라질을 방문해 이 아기의 사진 복사본을 배포하고, 며칠 내로 이 아기가 복제됐다는 증거를 제시하겠다고 약속했다. 또 이 아기의 아버지도 과학자에게 유전적 증거를 제공하기 위해 곧 브라질을 방문할 예정이라고 말했다. 하지만 그 이후 복제 아기에 대한 얘기는 더 이상 나오지 않고 있다.

이제 사람들은 클로네이드사의 이런 주장을 거의 믿지 않는 눈치다. 하지만 왜 클로네이드사는 사회 각계의 엄청난 비난을 받으면서도 복제아기 출산을 발표했을까? 그 이면에는 엄청난 이권이 개입되어 있다는 주장이 있다. 이들은 복제아기 출산에 성공했다는 정보를 언론에 흘리는 것만으로도 복제아기를 원하는 부부로부터 거액의 기부금을 받을 수 있었으며, 이 회사는 약 100명의 고객들이 20만 달러씩을 지불하고, 복제를 신청해 놓은 상태라고 발표했다. 만약 이들의 주장이 사실이라면, 이는 인간복제 시도를 공언하며 이들과 경쟁을 벌여온 이탈리아의 의사 세베리노 안티노리와 미국인 남성의학자인 파나이오티스 자보스 Panayiotis Michael Zavos 등의 과학자에게 뼈아픈 패배를 안겨주며 돈방석에 앉게 되는 것이다. 2003년 1월에 세계 최초의 복제인간이 태어날 것이라고 예고하기도 했던 안티노리 박사는 "인간복제 발표 내용은 과학적으로 검증되지 않아 혼란만 초래하고 있다"고 지적했다. 2002년 4월 8~10세포의 인간복제배아를 만들었다는 연구 결과를 발표했던 자보스는 여러번 인간복제를 시도했고 실제로 복제배아를 만들었지만, 착상은 시도하지 않았다는 것을 암시하며 클로네이드의 발표를 "언론 플레이"에 불과하다고 꼬집었다.

   로이터통신은 연말연시의 어수선한 시기에 사실을 확인하지 못한 채 보도에 급급했던 언론매체들의 특종 경쟁을 비판하면서, 통상 새로운 발견에 대한 발표는 과학적 근거와 함께 이뤄지는 것이 정상인데도 클로네이드사는 복제아기 탄생 발표 때 아무런 증거도 제시하지 않았다는 점을 지적했다.

『유전자 혁명The Genetics Revolution』의 저자인 영국의 패트릭 딕슨Patrick Dixon 박사는 "전세계 여러 곳의 의사들이 개인적인 도취감이나 이상한 신념에 사로잡혀 자신들이나 죽은 사람의 유전자를 복제하기를 원하는 사람들에게 복제아기를 안겨주려는 결정을 하는 한 이런 결과는 불가피한 것"이라며 명성과 돈, 왜곡된 신앙에 기울어진 전세계의 이단적인 과학자들에게 이제는 인간복제를 시도하는 미친 짓을 그만두라고 충고했다.[3]

투기성 기술

그럼에도 불구하고 클로네이드의 주장이 먹혀든 이유는 마음만 먹으면 누구든지 인간복제를 시도해볼 수 있는 가능성이 열렸기 때문이다. 인간을 복제할 수 있는 기술은 이미 수년 전에 등장했고, 호기심과 명예욕을 억제하지 못한 몇몇 생식기술자들은 많은 사람들의 공포와 우려에도 불구하고 인간복제를 시도하고 있다. 복제기술의 노하우는 이미 널리 알려진 것이고 복제에 필요한 난자는 인공수정 클리닉에서 손쉽게 얻을 수 있으므로 기술자들이 마음만 먹으면 인간복제는 실제로 이루어질 수 있는 것이다.

일반적으로 동물과 사람은 복제하는 원리와 과정이 동일하다. 수정하기 전의 난자에서 핵을 제거한 다음, 일시적으로 휴면 상태에 있는 체세포에서 핵을 빼내어 바꾸어 넣고, 이렇게 만들어진 세포를 체외에서 몇 번 분열하도록 한 다음 자궁에 넣어, 임신 과정과 동일한 과정을 거쳐 복제된 개체를 얻게 된다.

생명체를 복제하기 위해서는 이처럼 세포를 조작하고 배양하는 등의 과정을 거쳐야 한다. 우선 복제 대상이 되는 개체를 선발하고 이로부터 체세포를 떼어내는데, 주로 유선, 유방세포, 귀세포 등이 채취된다. 채취된 세포를 4~5세대에 거쳐 배양하며, 혈청농도를 낮추는 '혈청기아배양' 이라는 방법으로 일시적 휴면시기인 'G0기' 라는 세포주기로 유도한다. 체세포를 받아들여 정상 수정란으로 발육시키기 위해서는 수핵난자가 필요하다. 미세조작기를 사용하여 난자로부터 핵을 제거하면(탈핵) 다른 핵을 받아들일 수 있는 수핵난자가 만들어지게 된다. 탈핵된 수핵난자의 주란강에 직접 핵을 주입하거나 전기자극 등을 이용해 수핵난자의 세포질과 주입된 체세포와의 세포융합을 유도하게 된다. 세포융합이 완료된 핵이식란은 특별하게 조절된 인큐베이터에서 체외배양과정을 거치고 나서 대리모의 생식기에 이식, 임신 분만 과정을 거쳐서 복제된 생명체로 태어나게 된다. 이 과정에서 여러 가지 기술이 필요하기 때문에 상당히 많은 시행착오 과정을 거쳐야 한다. 생식과학자들의 주장에 따르자면 인간복제기술의 확률도 점차로 높아질 것이라고 한다.

어드밴스드 셀 테크놀로지스Advanced Cell Technologies의 로버트 란자Robert Lanza 박사는 인간복제에 대해 "클로네이드의 인간복제 발표는 과학적인 증거가 없기 때문에 의심할 수밖에 없다. 클로네이드는 과학적인 경력이 거의 없는 그룹이다. 이들은 이런 분야에서 과학 논문 한 편을 발표한 적도 없고 이 분야의 연구 경험도 없다. 실제로 이들은 생쥐나 토끼조차 복제해본 적이 없다. 나는 이런 일이 끔찍하고 과학적으로 무책임한 일이라고 생각한다. 하지만 나는 그들을 노골적으로 무시해서만은 안된다고 생각한다. 우리는 현재 사람의 배아를 복제할 수 있는 기술을 가지고 있으며, 이것은 많은 과학자들이 생각하는 것보다는 쉬울 수도 있다. 이 기술을 사용하여 이미 4세포기 내지 8세포기 사이의 인간배아가 복제되었다. 3일 정도밖에 되지 않은 초기단계의 배아를 실제로 착상하는 연구는 전세계적으로 이루어지고 있다. 따라서 이것은 비도덕적이고 반윤리적인지는 모르지만 실제로 성공했을 가능성도 있는 것이다. 이것은 단순한 확률 게임이다. 만약 자원이 충분하고 난자가 충분히 확보되어 있다면 가능성이 충분하다."고 말했다. 이미 확립된 배아복제기술과 자궁착상유도기술을 사용해서 복제인간을 만들 수 있다는 이야기이다.[4]

　인간의 존엄성을 훼손하는 등 윤리적으로 엄청난 파장을 불러일으킬 수 있는 인간복제기술은 기본적인 실험 결과를 축적하기보다는 그 부가가치를 중요시하며, 더군다나 결과를 예측할 수 없는 상황에서 무작정 해보자는 한탕주의식으로 진행되는 경우가 많다. 고가의 실험장비나 테크닉보다는 얼마나 끈기 있고 용감하게(?) 실험하느냐가 성공의 관건이라고 할 수 있다.

　실제로 클로네이드가 최초의 복제 아기인 이브를 만드는데 사용한 "특별한" 기계도 실상은 별로 대단한 것이 아니라는 세포융합 전문가들의 의견이 최근 『네이처』지에 보도되기도 했다.[5]

과학뉴스와 관련된 연구장비를 전시하는 런던 과학박물관 사이언스뉴스 갤러리에는 클로네이드가 사용한 배아세포융합기 RMX2010가 2003년 2월 동안 복제양 돌리를 탄생시키는데 사용된 기구와 나란히 전시된 적이 있었다. 배아세포융합기는 동물의 난자와 체세포의 핵을 융합시키는 과정에서 미세한 전기충격을 줘 핵융합 성공률을 높이는 기계로, 최초의 복제 포유동물인 암양 돌리를 만드는 데 사용한 것과 매우 유사하다. 이 기기는 DNA를 제거한 난자와 복제를 원하는 DNA를 가진 성체세포를 융합하는 전류를 생성한다. 전기융합electrofusion이라는 이 다양한 기술은 동물 복사본과 복제한 인간세포를 생산하는 실험에 일반적으로 사용된다. 클로네이드에 의하면 그들의 기계는 난자가 손상받지 않은 상태에서 새로운 내용물을 받아들이도록 안정되고 매우 낮은 전압을 생성한다. 클로네이드측은 이 기계의 덕분으로 수백 개의 포배를 만드는 놀라운 결과를 얻을 수 있었다고 주장했다. 과학박물관은 클로네이드가 인간복제에 사용한 기계와 기술이 돌리를 만들 때보다 진보한 것이라고 주장한다고 설명했다. 이 기기의 전시는 클로네이드가 복제아기를 만들었다는 주장의 진실성과 인간복제가 사회에 미치는 영향을 부분적으로 나타내는 것이다.
　그런데 이것을 전시한 데 대한 비판도 만만치 않았다. 전세계의 실험실에서 사용되는 표준 모델과 유사한 이 기계는 복제 주장에 신빙성을 더해주기보다는 클로네이드의 주장이 거짓임을 입증한다고 영국 케임브리지대학의 세포 생물학자인 아짐 수라니Azim Surani는 주장한다. 만약 이들의 주장이 사실이라면 "왜 이들은 기계만 보여주고 중요 데이터는 보여주지 않는가? 과학적 증거를 제출해야 한다"라는 게 수라니의 주장이다. 클로네이드는 독립적인 연구자가 복제아기를 조사하기 위해 접근하는 것을 거부하고 있다. 아기와 공여자의 DNA를 조사하면 빠르고 결정적으로 그 주장의 진실성 여부를 확인할 수 있는데도 말이다. 생물학적인 증거가 없는 상태에서 이 기계의 특성은 논란을 불러일으킬 뿐이다. "우리는 결정적인 과학적 증거를 원하는데 이 기기야말로 대중을 속이기 위한 눈속임에 불과하다"라고 수라니는 일침을 가했다.

그런데 이 기기가 바이오퓨전테크라는 국내의 한 바이오 벤처 기업과 클로네이드사가 공동으로 개발한 기종이라는 사실은 놀라운 일이다. 클로네이드 한국지사 관계자는 "2002년도 말 복제아기가 탄생한 뒤 박물관측이 바이오퓨전테크를 통해 세포융합기를 전시하겠다는 의사를 전달해왔다"며 "1월 중순께 제품을 영국에 보내 전시가 이뤄진 것으로 안다"고 말했다.

세포융합기 제조회사인 바이오퓨전테크에서는 자사의 연구원 3명이 1999년 한국을 방문한 클로네이드사 기술자 3명과 함께 몇 가지 종류의 세포융합기를 완성한 뒤 같은 해 9월 'RMX568'이라는 이름의 세포융합기 1대(시가 1만 달러 정도)를 클로네이드사에 보냈다고 밝혔다. 클로네이드 홈페이지에 이 세포융합기를 홍보하고 있고, 세포융합기가 전달된 시점을 역산해 보면 최초의 복제아기 탄생에도 이 제품이 사용된 게 거의 확실한 것 같다. 현재

동종의 세포융합기는 국내 병원에서도 구입, 사용중인 것으로 드러났다. 바이오퓨전테크는 클로네이드의 자회사로 오인을 받아 복제아기 출산 발표 직후 당국의 조사를 받는 등 유명세를 톡톡히 치루었다.

게다가 지난 1999년 7월 23일에는 클로네이드 한국지부에서 "한국 여성 10여 명이 대리모 신청을 했으나 복제 프로젝트에 참가한 사람은 3명이며 외국에서 복제배아(수정 후 5~6일이 지난 상태)를 착상한 임신모 1명이 한국에 들어와 있다"는 충격적인 발표를 하기도 했었다.

우리나라가 이처럼 인간복제와 관련하여 설왕설래하고 있는 데에는 여러 가지 이유가 있다. 클로네이드사는 한국지부를 설립하고, 복제 및 대리모 신청을 받는 등 인간복제의 조짐을 보였지만, 국내에는 그동안 인간복제 행위를 규제할 법적 근거가 마련되어 있지 않았기 때문이다. 2003년 12월 29일 생명윤리 및 안전에 관한 법률안이 통과되어 인간 개체복제는 금지되었지만 치료 연구에 대해서 비록 제한적이지만 배아복제연구를 허용하고 있다. 또한 배아복제연구와 관련된 규정은 2005년 1월부터 시행토록 되어 있어 무분별한 배아복제 연구가 인간복제로 이어질 가능성도 있다. 전문가들은 관련 법규가 허술하기 때문에 이들이 복제 기술을 실제 얼마나 갖고 어떤 연구를 진행중인지 행정적으로 확인할 방법이 전혀 없다고 지적한다.[6]

또한 인간배아 관리도 허술하여 전국 인공수태시술기관에서 창출되고 냉동 보존되며, 이용되거나 폐기되는 인간배아에 관한 기본적인 실태 파악도 거의 되어 있지 않았다는 지적이 일찍이 있었다. 참여연대의 추산에 따르면 1997년 한 해만도 9천여 개가 실종되었다. 또한 인공수태시술기관으로 등록된 전국 8개 국공립의료기관에 정보 공개를 요구한 결과 2개 기관만이 배아의 냉동 보존 및 폐기에 대한 동의서를 갖추고 있을 뿐, 모든 기관이 부모 동의서 없이 연구 목적을 위한 배아 연구를 진행하고 있는 것으로 나타났다. 2001년 7월 당시 국내에서 인공수태시술의료기관으로 인준된 기관은 총 92개였고, 이중 25개 기관에서 배아를 냉동 보관하고 있었다. 최근 자료에 따르면 대략 150만 개의 냉동 보존된 배아가 있을 것으로 추정된다.[7]

마음만 먹는다면 인간복제에 사용되는 미수정란도 얼마든지 확보할 수 있는 허술한 체계라고 할 수 있다. 인간복제를 시도하려는 과학자들이 아무런 규제도 없이 미수정란을 마음껏 이용할 수 있는 연구 환경에서 활동할 수 있는 토대가 마련되어 있는 것이다.

왜 하필이면 인간복제인가?

인간복제를 하는 데 중요한 핵심기술은 체세포 복제 기술이다. 이미 사회 각계의 비난을 무릅쓰고 여성의 자궁에 착상을 시도하려는 미친 과학자들이 나타나고 있다. 클로네이드, 세베리노 안티노리, 파나이오티스 자보스 등 생식전문가들은 인간복제를 호언한다. 만약 이들이 안정적인 체세포 복제 기술을 획득하게 된다면 틀림없이 여성의 자궁에 착상을 시도하고야 말 것이다.

체세포 복제를 주장하는 사람들은 난치병 치료를 대표적인 이유로 꼽는다. 2003년 12월 말 국회를 통과한 생명윤리 및 안전에 관한 법률안에서도 비록 난치병 치료를 위한다는 제한적인 조건을 달았지만, 인간복제를 막기 위한 충분한 안전장치 없이 체세포 복제가 가능해졌다.[8]

정부의 감시 감독을 벗어난 전국 각지의 연구소가 시도하고 있는 '인간복제'를 막기가 어렵게 됐다는 점에서 문제는 심각하다.

그러면 이들은 왜 그토록 논란이 되고 있는 체세포 복제를 연구하려는 것일까? 그 이유는 면역거부반응을 나타내지 않는 줄기세포를 얻기 위해서다. 본래 수정란은 하나의 개체로 성장할 능력을 가진 전능성 세포이다. 수정 후 3시간이 지나면 분열이 시작되어 세포가 나뉘어진 할구가 만들어진다. 수정 후 60시간이 지나면 제2분열이 일어나면서 오디를 닮은 상실배가 만들어진다. 이 상실배가 계속 분열해 4~5일 정도 지나면 중앙이 액체로 가득 차고, 영양세포층과 안쪽의 세포덩어리 두 부분으로 나눌 수 있는 배반포기 상태가 된다. 영양세포층은 나중에 태반으로 발달하며, 안쪽의 세포덩어리는 나중에 210여 종의 각종 장기로 분화할 채비를 갖추기 시작하는데 이 세포들을 배아줄기세포라고 한다. 이 세포들을 분화시키지 않고 세포분열만 일어나는 조건에서 배양하면 더욱 많은 줄기세포를 얻을 수 있다. 그 다음 분화가 일어날 수 있는 조건에서 배양하여 치료 목적에 따라 특정 장기를 유도하면 된다.

1998년 위스컨신대학의 제임스 톰슨James Thompson 교수팀과 존즈 홉킨스대학의 존 기어하트John Gearhart 교수팀은 이런 식으로 사람의 배아줄기세포가 신경, 피부, 근육, 연골, 뼈, 내장 상피세포 등 다양한 장기로 분화될 수 있는 전능성을 가졌음을 확인했다.[9]

따라서 난치병 환자에게 배아줄기세포를 이식하면 증상이 호전될 수 있다. 과학자들이 알츠하이머, 파킨스씨병, 심장병과 같은 난치 질병을 치료하는 데 줄기세포를 사용할 수 있는 희망이 생긴 것이다.

배아줄기세포와 성체줄기세포

전세계적으로 약 5백만 명의 사람들이 도파민이라는 화학물질을 생산하는 뇌의 신경세포가 죽어 운동과 보행에 어려움을 겪게 되는 파킨슨씨 병 때문에 고생을 하고 있다. 이 질병을 치료하기 위해서는 도파민 생산세포를 이식해야 하는데, 과학자들은 이 세포들을 충분히 얻는 방법을 개발하기 위해서 노력해왔다. 메릴랜드 베데스다에 있는 국립보건원의 론 맥케이Ron McKay 연구진은 배아세포에 유전자를 조작해 넣어 교정한 신경세포를 대량으로 생산한 다음 파킨슨씨 병을 앓고 있는 생쥐의 뇌에 이 세포를 이식했다. 생쥐는 파킨슨씨 병으로 인한 제자리 맴돌기를 멈추고 2~3달 동안 더 살아남았다. 배아줄기세포를 사용하여 최초로 파킨슨씨 병을 치료한 것이다.[10]

이처럼 줄기세포를 바꾸거나 교체하는 유전자 치료법을 사용하여 다른 질병도 치료할 수 있는 길이 열리고 있다. 매사츄세츠 벨몬트의 맥린McLean 병원 및 하버드의과대학의 올 아이삭슨 Ole Isacson도 인슐린을 췌장에 분비하는 세포를 이식하여 당뇨를 치료하려고 한다.

그러나 무엇보다 놀라운 것은 줄기세포를 사용하여 척추가 영구 마비된 환자를 치료할 수 있는 가능성이 보인다는 것이다. 워싱턴대 의과대학의 존 맥도널드John McDonald 등은 손상된지 오래 지난 쥐의 척수로 쥐의 줄기세포를 이식했다. 수술한지 한 달이 지난 후에 이식을 받은 쥐는 그렇지 않은 쥐에 비해서 상당히 호전된 상태를 보였다. 비록 정상적으로 걷지는 못했지만 이들은 어느 정도 뒷다리를 사용하여 몸무게의 일부를 지탱할 수 있었다. 몇 주 뒤에 연구자들이 상처 부위를 조사한 결과 쥐의 일부 줄기세포가 살아 있었으며 성상체astrocytes와 희소돌기아교세포oligodendrocytes 등과 같은 신경 관련 세포로 발달한 것을 알 수 있었다.

배아줄기세포는 특별하다. 진정한 전능성을 가진 이들은 신체의 모든 다른 형태의 세포를 만들어 낼 수 있다. 많은 사람들이 이를 연구함으로써 신축성을 조절하는 생장인자와 유전자를 성체

세포에 적용할 수 있는 정보를 얻을 수 있다고 주장한다.[11]

하지만 배아줄기세포도 이식되었을 때 암으로 전이된다든지, 다른 사람의 배아줄기세포는 환자에게 면역거부반응을 일으키기 때문에 바로 사용할 수 없다는 단점을 가지고 있다. 조직에 맞는 이식물을 얻기 위해서는 더욱 많은 인간배아의 줄기세포를 등록해놓거나 기존의 줄기세포에 환자의 DNA를 복제하여 맞춤형 줄기세포를 만드는 것이다. 이것은 기술적으로 어렵고, 윤리적으로는 논란이 많은 방법이다.

이런 문제들을 해결하기 위해서는 환자로부터 성체줄기세포를 취해 잘못된 유전자를 고친 후 다시 이식하면 된다. 하지만 지금까지 일부 연구자들은 성체줄기세포가 배아줄기세포처럼 모든 종류의 조직을 만들 수 있는 가능성을 가지고 있는지에 대하여 의심해 왔다.

미네소타의과대학의 캐더린 베르파이유Catherine Verfaillie의 연구진은 마우스, 생쥐, 그리고 사람의 골수에서 간충직줄기세포라는 특이한 세포를 분리해낸 다음 이들 세포를 마우스 배아에 주입했다. 딸세포들은 혈액, 뇌, 근육, 폐, 간을 포함한 모든 조직에서 나타났다. 성체세포가 모든 종류의 세포로 자랄 수 있다는 가능성을 밝힌 것이다.[12]

인간복제를 반대하는 그룹들은 이미 배아줄기세포를 만들기 위해 인간을 복제할 필요가 없다는 증거로 베르파이유의 결과를 인용한다.

최근의 연구는 혈액과 같은 특정 조직에서 이식된 성체줄기세포가 신경과 같은 다른 형태의 세포로 변할 수다고 보고했다. 이런 발견들로 손상되었거나 병에 걸린 조직을 성체줄기세포가 복구할 수 있지 않을까 하는 의학적 잠재력이 비상한 주목을 받고 있다.

고장난 심장

심장마비를 겪은 후에 약해진 심장을 보강하기 위해서 남아 있는 세포들은 커지게 마련이다. 이들은 과도하게 작동하다가 5일 내지 10일 정도밖에 버티지 못하고 기능을 잃어버린다. 이처럼 발작 자체보다 후속 심장마비가 오늘날 임상의학에서 더 큰 문제 중의 하나이다. 영국에서 심장발작을 겪은 27만 명의 사람 중 대략 반 정도가 살아남았는데 그들 중 6만 3천 명이 다시 심장마비를 겪었다. 약물치료로는 아직 제한적인 효과밖에 거둘 수 없다.

뉴욕의과대학의 심장전문가 피에로 앤버사Piero Anversa는 마우스에 골수줄기세포를 주입하면 심장마비로 인해 죽어버린 근육이 되살아날 수 있다는 것을 보여주었다. 이들은 혈관을 묶어 심장마비를 일으킨 마우스의 심장에 줄기세포를 주입하고 세포를 추적하기 위해서 녹색의 형광 단백질을 만드는 오징어 유전자로 이를 표지하였다. 9일 후에 골수의 줄기세포는 심장에 자리를 잡았으며, 그 세포에서 새로운 근육세포와 혈관 등 대체 조직이

자라났다. 그리고 새로운 세포는 심장의 일부 기능을 회복하여 심장 박동 능력을 증가시켰다.[13]

골수추출물에는 여러 가지 종류의 줄기세포가 들어 있기 때문에 임상적으로 사용하기 위해서는 순수한 세포 군집을 분리하여야 한다. 뉴욕 컬럼비아-장로교메디컬센터의 실비우 이테스쿠 Silviu Itescu가 이끄는 연구진은 사람의 골수에서 새로운 혈관을 만들어내는 세포들을 분리해낸 후 이들을 심장마비가 걸린 생쥐의 꼬리에 주입하여 놀라운 결과를 얻었다. 새로운 혈관이 자랐고, 생쥐의 심장세포가 더 이상 죽지 않았고, 심장의 펌프는 더욱 효율적이 되었다. 그리고 이런 호전 증상은 4개월이나 지속되었다. 새로운 줄기세포에 의해 생성된 혈관이 공급한 별도의 산소와 영양소가 비대해진 세포를 계속 움직이게 만든 것 같다. 다시 자란 혈관으로 충분한지, 혹은 심장근육의 대체까지 필요한지는 원래의 손상 정도에 따른다는 것이 이테스쿠의 생각이다.

스탠포드 의과대학의 줄기세포전문가인 어빙 바이즈만 Irving Weissman은 정상적으로는 혈액세포를 만드는 이 세포들이 실제로 아무도 기대하지 못했던 다양한 세포를 만들어낼 수 있다는 것은 놀라운 사실이라고 말했다. 이전의 연구자들은 성체줄기세포, 배아줄기세포 등을 이용하여 심장조직을 바꾸려 했지만 일찍이 아무도 성공하지 못했다고 신시내티아동병원 메디컬센터의 마크 서스맨 Mark Sussman은 설명한다.

골수세포는 복구에 필요한 여러 가지 종류의 세포를 만들어낼 수 있으며, 환자로부터 채취한 줄기세포를 사용하면 외부조직의 거부를 방지할 수 있다. 여기에다 성체줄기세포는 배아조직이 야기하는 윤리적인 문제점도 갖지 않는다.

다른 성체줄기세포들

연구자들은 성체 쥐의 근육에서 채취한 세포도 여러 종류의 세포로 바뀔 수 있는 놀라운 능력을 가지고 있다는 것을 알아냈고, 골수 대신 미개발의 치료용 공급원으로 근육세포가 사용될 수 있다는 것을 알아냈다. 추출된 근육세포는 골수보다 10~14배 빨리 혈액세포를 생성한다.[14]

텍사스 휴스턴의 베일러 의과대학의 구델A Goodell 연구진에 의해 발견된 다재다능한 근육세포들을 근육줄기세포라고 생각한다. 이들은 모든 근육세포의 1~6%를 차지하는데 보통 약간의 근육생장이나 복구가 필요할 때 증식한다.

근육줄기세포라고 한다면 근육줄기세포와 혈액줄기세포는 전에 생각했던 것보다도 훨씬 더 유사할 것이라고 연구자들은 가정한다. 이들의 운명은 그들이 어디서 유래했는가보다 그들이 어디에 위치하는가에 따라서 달라지는 것 같다. 이런 점으로 미루어 볼 때 성체조직에서 유래한 줄기세포도 상당한 유연성을 가지고 있음에 틀림없다.

이식실험을 통해 골수줄기세포들과 근육줄기세포들은 손상된 조직을 고치는 능력이 뛰어난 것으로 증명되었다. 특히 조지 W. 부시 미국 대통령의 조치로 인간배아줄기세포 연구가 사실상 금지된 후에 과학자들은 성인의 뇌와 피부에서 새로이 줄기세포를 찾아내는 개가를 거두었다. 하지만 이들 세포가 진정으로 조직을 복구시킬 수 있는 잠재력이 있는지는 아직 불확실하다.

오스트레일리아 파크빌Parkville의 홀의학연구소Walter and Eliza Hall Institute of Medical Research의 페리 바트렛Perry Bartlett과 그의 동료들은 생쥐의 뇌에서 줄기세포의 마커를 발견하여 정제율을 80%로 높였다. 정제한 줄기세포는 신경과 그들의 신경교세포와 근육을 생산할 수 있다.[15]

그러나 맥길대학의 프레다 밀러Freda Miller 같은 이는 골수에서 줄기세포를 얻는 것보다는 피부에서 줄기세포를 얻는 것이 쉽다고 지적한다. 밀러와 그의 연구진은 피부에서 줄기세포를 찾아내는 대담한 시도를 했다. 깊은 진피층에서 분리한 생쥐의 줄기세포들은 다양한 형태의 세포로 발달했다. 사람의 머리가죽에도 유사한 세포가 존재한다. 이식 후에 이들이 실제로 조직을 복구할 수 있는지는 더욱 연구되어야만 한다.

불안한 효과

하지만 대체조직을 만드는 성체줄기세포의 능력은 의문시되고 있다. 성체줄기세포가 조직을 건강하게 하기보다는 이미 존재하는 세포들과 융합하여 정상적인 DNA 양의 2배를 갖는 유전적으로 융합된 조직을 만든다는 보고가 나온 것이다.[16]

따라서 성체줄기세포를 임상 목적에 사용하려는 사람들은 이런 가능성을 실제로 검사해보아야 한다고 예일대학의 줄기세포 전문가 다이앤 크라우스Diane Krause는 지적했다.

어떻게 줄기세포가 새로운 조직을 생산하는가는 중요한 문제이다. 융합된 세포들은 정상적인 염색체의 2배에 달하는 염색체를 가지고 있다. 유전적으로 비정상적인 세포는 의학에 이용할 수 없다. 연구자들은 줄기세포에서 어떻게 새로운 세포들이 나오는가, 그리고 이들이 정상적으로 기능하는가를 확인하기 위해서 더욱 엄격한 기준을 마련해야 한다.

에든버러대학의 오스틴 스미스Austin Smith와 플로리다대학의 나오히로 테라다Naohiro Terada는 골수와 뇌의 줄기세포를 같은 접시에서 길렀을 때 두 종류가 잡종세포로 자발적으로 융합해 근육, 신경, 그리고 다른 종류의 세포를 만들었으며, 이들 중 1만, 혹은 10만 개의 세포 중 1개꼴로 융합이 일어난다는 사실을 확인했다. 캘리포니아 라호야La Jolla의 솔크연구소Salk Institute의 신경줄기세포전문가인 프레드 게이지Fred Gage는 이전의 연구가 단순히 융합에 의한 결과를 보여주었을 것이라는 의견에 동의했다.

성체골수세포가 혈액, 간, 근육, 췌장과 같은 다양한 형태의 세포로 바뀔 수 있다는 이전의 연구를 새로운 결과로 해석해볼 때, 이런 데이터가 실제적으로 나타날 수 있는지 좀더 심각하게 생각해보아야 한다고 오레곤보건대학의 세포생물학자인 마커스 그롬페Markus Grompe도 지적했다. 그와 동료들이 손상된 간을 가진 생쥐에 골수줄기세포를 주입하였더니, 병색이 완연한 간들이 정상으로 회복되었다. 하지만 더욱 자세하게 분석해보니 회복된 간의 세포들은 공여자와 수혜자의 유전자를 모두 가지고 있는 것으로 나타났다. 일부는 정상적인 DNA의 2배 내지 3배되는 것도 있었다.[17]

워싱턴대학의 데이비드 러셀David Russell과 그의 연구진도 서로 다른 대사간질환을 갖는 생쥐에게 골수세포를 이식하였을 때 이와 비슷한 융합이 일어난다는 증거를 얻었다. 새로운 간세포를 만드는 대신 이식한 줄기세포는 손상된 간세포를 재프로그램화 시켜 다시 한번 정상적으로 작동하는 간을 만드는 것 같았다.

하지만 이와는 다른 결과를 얻은 실험도 있다. 미국립보건원의 에바 메지Eva Mezey는 4년전 남성에게서 골수를 이식받은 여성 백혈병 환자를 대상으로 융합 여부를 확인해본 실험에서 실제로 융합이 일어난다는 증거를 발견하지 못했다. 연구진은 남성염색체를 이용해 제공자 세포에서 나온 세포들을 구분했다. 남성염색체를 포함하고 있는 여성의 뺨세포는 완전히 정상이었다. 생쥐실험과는 달리 이들은 여분의 DNA를 가지고 있지 않았던 것이다.[18]

이 발견으로 성체줄기세포가 얼마나 다재다능하고 그들이 얼마나 조직을 복구하는가에 대한 논쟁에 불이 붙었다. 성체줄기세포가 다양한 종류의 세포를 생산할 수 있다면 윤리적으로 논란이 많은 배아줄기세포를 사용하지 않고 성체줄기세포를 이식하여 간질환이나 심장질환을 치료할 수 있게 된다. 뉴욕의과대학의 타이스Theise는 이런 의혹만 해소된다면 성체줄기세포는 배아줄기세포와 견줄 수 있는 능력을 가지게 될 것이라고 주장한다.

줄기세포냐 암세포냐

또 다른 문제점은 줄기세포와 암세포의 번식을 조절하는 것이 동일한 단백질이라는 것이다. 이 결과로 두 종류의 세포가 왜 무한히 분열할 수 있는가를 이해할 수 있다. 하지만 한편으로는 줄기세포를 이식할 때 암세포를 이식할 수도 있는 위험성이 있다는 우려를 낳게 한다.[19]

국립신경질환 및 뇌졸중연구소의 차이R.Y.L Tsai와 동료 로날즈 멕케이Ronals McKay는 생쥐의 배아줄기세포와 신경줄기세포, 인간의 암세포와 같이 스스로 재생하는 세포들에서는 뉴클레오스테민nucleostemin이라는 단백질이 풍부하다는 사실을 밝혔다. 대조적으로 완전히 자라서 더 이상 분열하지 않는 세포들에서는 이 단백질을 거의 찾아볼 수 없다. 신경줄기세포와 암 유사

세포에서 뉴클레오스테민의 수준을 높이거나 낮추면 증식이 감소되는 것을 관찰할 수 있었다.

뉴클레오스테민의 정확한 기능은 알려지지 않았지만 세포 분열을 통제하는 분자스위치처럼 행동하는 것으로 나타났다. 연구자들은 또한 이 단백질이 세포의 증식을 조절하며, 많은 암에 연루되어 있는 'p53'이라는 단백질과 결합한다는 것을 밝혔다.

이 발견은 과학자들이 의학에 사용하기 위해 줄기세포를 무제한적으로 공급할 수 있도록 조작하는데 도움을 줄 것이다. 줄기세포요법이 언젠가는 몸의 손상된 조직을 대체하거나 수선할 수 있게 하리라는 것이 과학자들의 희망이다.

이렇게 하기 위해서 과학자들은 이식한 세포가 암을 일으키지 않도록 증식을 조절해야만 한다. 대부분의 연구자들은 줄기세포의 초기단계에 참여하는 분자사건에 관심을 두고 있다고 런던 임페리얼대학의 줄리아 폴락Julia Polak은 말한다.

신체에는 스스로를 갱신할 수 있는 능력을 가진 일부 줄기세포가 존재하여 소모된 세포들을 재생한다. 암세포는 이 특성을 교묘하게 이용하여 정상적인 세포를 분열하는 종양으로 변화시키는 것이다.

배아복제의 윤리적 문제

배아복제와 체세포 복제는 두 가지 다 무성생식기술을 이용한 복제라는 공통점을 갖지만, 배아복제는 배아의 지위를 어떻게 보는가에 따라서 엄청난 윤리적 문제를 야기한다.[20]

배아의 지위에 대한 논란에는 크게 세 가지 입장이 있다. 첫째는 배아를 단지 세포덩어리로 보려는 입장이다. 둘째는 배아를 잠재적 인간으로 보려는 입장이다. 셋째는 배아를 인간으로 보려는 입장이다. 전통적으로 수태되는 순간부터 인간이라는 종교적 관점에서는 셋째 입장을 택할 가능성이 크다.

이와 관련하여 이른바 '수정 후 14일설'이 등장했는데, 수정 후 14일이 안된 인간배아는 척추·내장 등 신체기관이 발생하지 않은 채 무한 세포분열만을 거듭하기 때문에, 이 단계의 배아는 인간으로 간주하기 어렵다는 주장이다. 인간배아복제 찬성론자들의 생각에 따르면 14일 이전의 배아에 대한 복제는 윤리적으로 문제시될 수 없다는 것이다. 이들은 특히 신경세포가 생기기 시작하는 14일 이전의 배아를 사람으로 취급해 모든 연구를 막는 것은 신기술의 성공으로 우리 후손들이 받게 될 많은 혜택을 막는 것이라고 주장하기도 한다. 하지만 반대론자들은 14일설은 연구의 편의에 따른 임의적 설정이라며 그 논의 자체를 거부한다.

이렇게 본다면 인간배아복제와 관련된 윤리적 논쟁은 수태되는 순간부터 인간이라고 규정할 것인지를 질문하였던 임신중절 문제와 논리적 동일성을 지니고 있다. 다른 점이 있다면 임신중

절은 태아와 관련된 가족의 의견이 반영될 수 있는 반면, 인간배아복제는 그 의사 결정에 참여하는 사람들의 범위를 쉽게 정할 수 없다는 점이다. 오히려 인간배아복제의 문제는 사회 전반의 지도적, 제도적 문제일 가능성이 높으며 국가의 정책과 밀접히 연관되는 것이라는 점에 문제의 심각성이 있다.

인간배아복제의 문제를 놓고 우리는 다음과 같은 몇 가지 생각을 해볼 수 있다.

첫째, 인간배아복제는 종교적 윤리적으로 용납할 수 없다는 입장이 있을 수 있다. 신이 인간 생명을 창조하였다는 교리에 의하면 인간 생명을 인위적으로 조작하는 행위는 신에 대한 모독이자 도전이다. 윤리적 측면에서 보면 지금까지 신성한 것으로 여겨왔던 인간의 생명을 인간이 조작한다는 사실 자체가 인간의 존엄성을 훼손하는 것이다. 아울러 인간복제 연구 및 시술 과정에서 수많은 수정란이나 배아가 희생될 것이 분명하기 때문에 이것 또한 인간 생명의 존엄성에 반한다는 주장도 있다.

둘째로 배아복제의 의도에 대한 질문이다. 영국이 인간배아복제를 허용했을 때, 영국의 반대론자들은 정부가 순수한 의학적 목적보다는 관련 분야의 기술을 선점하고 국제적인 이용에 대비한 경제적 가치를 계산하는 불순한 의도를 지니고 있다고 공격하였다. 영국을 비롯한 일부 국가에서는 수정 후 14일 이내인 배아는 연구 대상이 될 수 있고 14일이 지난 태아부터 인간으로 보겠다는 입장에서 인간배아복제를 허용하되, 인간개체복제는 금지한다는 생각을 가지고 있으므로 이는 매우 설득력 있는 반론이다. 과연 순수한 의미의 유전공학과 의료연구가 존재하기는 하는 것일까? 아마도 그 대답은 매우 부정적일 것이다. 실제로 복제기술을 이용한 세포이식 치료술은 연 15억 달러, 이식용 동물 장기 생산도 연 15억 달러, 질환모델 동물 생산은 연 2천만 달러의 경제 효과를 낼 것으로 추산된다는 점에서 인간배아 기술 역시 호기심과 경제논리의 주제가 될 수 있다. 여기에 우리의 책임의식이 절실히 요구된다. 생명공학의 발전으로 야기된 인간의 힘이 생명존엄을 위해 사용되지 않고 국가경쟁력 향상이나 기술 선점 경쟁의 도구로 전락해 버린다면, 이는 매우 불행한 일이라 할 수 있다.

셋째로, 이미 언급했지만 미끄러운 경사길 논증을 적용해볼 필요가 있다. 이 논증의 핵심은 마치 미끄러운 길에 발을 내어놓기만 해도 결국에는 그 길에 미끄러져 넘어질 수밖에 없다는 것이다. 학자들은 인간배아복제를 치료 목적으로 이용할 것이라고 하지만, 공식적으로 허용될 경우 인간복제까지 시도할 수 있을 것이라는 우려는 우리를 더욱 불안하게 한다.

대안은 없는가?

줄기세포를 대체할 만능의 세포로 각광받고 있는 것이 혈액세포이다. 지금까지 줄기세포는 골수를 통해 얻거나 배아 복제 세포를 통해서 만들 수 있는 것으로 알려져 왔으나 탯줄혈액umbilical cord blood에도 존재하는 것으로 밝혀지면서 활용이 시작되었다. 탯줄혈액은 유전성, 후천성 질병을 치료하기 위해서 타인에게 줄기세포를 이식할 때 조혈모세포 줄기세포를 성공적으로 공급해 왔다. 많은 부모들은 장래 아이들의 건강을 지켜주기 위하여 탯줄에서 뽑아낸 피 한 병을 보관한다. 이 서비스를 제공하는 의료회사에 따르면 이것이 포함하는 줄기세포는 백혈병부터 치매까지 대부분의 질병을 치료할 수 있다고 한다. 탯줄혈액을 사용할 때의 장점은 ①제공자에게 위험이 전혀 없고 ②제공자에게 손해가 전혀 없으며 ③바이러스가 전염될 염려도 없고 ④즉각적으로 이용이 가능하다는 점이다.

탯줄혈액을 저장하기 위해서 우선 아이의 탯줄을 잘라낸지 몇 분 이내에 주사기를 사용해서 탯줄과 태반에 남아 있는 혈액을 채취한다. 혈액병을 저장 실험실로 옮겨서 혈액세포와 줄기세포를 걸러낸 다음 액체질소에 보관한다.

비축한 세포들은 생명을 살릴 수 있다. 어린 세포들은 성인 골수세포보다 잘 적응하는 것이 보통이다. 지금까지 의사들은 희귀한 혈액암이나 유전적 질병을 가진 상관없는 사람들을 치료하기 위해 공공은행에 주로 저장해 왔다. 미국 최대의 사설은행인 코드블러드레지스트리Cord Blood Registry는 1,385불의 기본료와 연간 100불 정도의 보관료를 내면 탯줄 혈액 한 병을 얼려서 보관해 준다. 이 혈액은행의 웹사이트는 "많은 의사들과 과학자들은 미래에 줄기세포는 뇌와 척수의 손상을 복구하는데 사용될 수 있다고 믿는다"고 선전한다.

개인적으로 보관해두고자 하는 부모들은 아이에게 질병이 닥칠 때 세포가 자신의 아이를 구할 수 있기를 바란다. 하지만 듀크 대학의 소아줄기세포 이식 프로그램의 소장인 조앤 쿠르츠버그 Joanne Kurtzberg는 "나는 은행이 사람들의 공포심을 이용한다고 생각한다"고 말하면서 치료 가능성은 매우 희박하다고 경고한다. 코드 블러드 레지스트리의 과학담당자인 데이비드 해리스 David Harris는 제대혈에 대한 과학적 연구가 진행 중이기 때문에 회사가 만병통치약처럼 선전하고 있지는 않다고 주장한다.

하버드 의과대학의 에반 스나이더Evan Snyder는 탯줄의 혈액 세포가 뇌졸중이나, 파킨슨씨 병이나 알츠하이머 질환을 치료하는데 필요한 새로운 뇌세포를 쉽게 재생할 수 없다는 예비 증거를 발표하면서 잘못된 희망을 가지기 말라고 경고한다.

이런 우려에도 불구하고 과학자들은 탯줄혈액에 관해서 더 연구를 한다면 새로운 의학적 사용처를 알 수 있을 것이라고 생각하고 있다. 예를 들어 산체스-라모스Sanchez-Ramos는 특수한 생장인자로 처리하면 새로운 신경세포가 생성되는 등 소수의 특수한 줄기세포가 탯줄혈액으로부터 분리될 수 있다는 사실을 발견했다.[21]

최근에는 우리나라에서도 가톨릭 의대 세포유전자치료연구소 오일환 교수팀이 여러 명분의 탯줄혈액을 성인에게도 이식할 수 있는 기술을 개발하여 탯줄혈액 이식이 더욱 활성화될 전망이다. 국내에서 2003년 6월까지 56건의 탯줄혈액 이식이 이루어졌으

며, 현재 12개의 각종 탯줄혈액 은행이 가족용 탯줄혈액 개인보관 사업을 하고 있다.[22]

이처럼 난치병 치료를 위해 배아복제기술 이외에도 많은 대안 기술이 속속 개발되고 있으며 실용화되고 있다. 그런데 마치 배아복제기술이 유일한 치료법인 것처럼 주장하는 것은 과학적으로도 옳지 않을 뿐만 아니라 윤리적인 문제도 많다.

과학자들도 인간개체복제와 이종간 핵이식 등 윤리적으로 문제가 많은 기술은 바람직하지 않다고 생각한다. '근육, 뼈, 피부, 장기, 조직 등을 만들기 위한 배아복제 연구를 계속해야 한다'는 입장에 과학자의 63.9%가 찬성했는데, '장기나 조직을 만드는 연구를 할 때, 배아복제보다는 성체줄기세포를 이용해 연구하는 것이 바람직하다'는 질문에는 72.8%가 동의했다. 또한 70.7%가 성체줄기세포를 이용한 장기생산 연구에 긍정적인 태도를 나타냈다. 그러나 예를 들어 복제양 돌리처럼 체세포 핵이식 방법으로 '인간개체복제를 허용해야 한다'는 데에는 84.3%의 연구자들이 '아니다'라는 입장을 분명히 했다.[23]

과학자들이 치료를 위해 개발하는 의료기술은 기술적으로 개선된 것뿐만 아니라 윤리적으로도 건전해야 한다는 데 대체적으로 동의하고 있는 것이다.

울산대 의대 구영모 교수는 "왜 하필이면 그토록 윤리적 문제가 많은 두 연구, 즉 인간배아복제와 이종간 복제에 집착하는가. 진정 창의적인 과학자라면 윤리적으로 허용될 수 있는 새로운 연구 방법을 고안해야 한다"고 지적했다.[24]

성체줄기세포, 탯줄혈액 등은 새로운 대안이 될 수 있다. 하지만 국내에서 줄기세포를 연구하거나 연구하고 싶어하는 과학자들은 대개 배아세포를 이용한 생식공학에 종사하고 있는 과학자들이어서 전공이나 연구 패러다임을 바꾸기가 쉽지 않다는 데 문제점이 있다.

제7장

豚벼락, 돈벼락

복제돼지는 복돼지?
불꽃 튀기는 경쟁
바이오 주식 절대로 사지 마라

제7장

豚벼락, 돈벼락

복제돼지는 복돼지?

 지난 1984년 미국의 의료진들은 심장 이상으로 죽어가는 신생아에게 원숭이의 심장을 이식하는 모험을 저질렀다.[1] 안타깝게도 신생아는 20일만에 사망했다. 위험하다는 사실을 알면서도 왜 신생아에게 원숭이의 심장을 이식해야만 했을까?
 사람은 질병이나 노쇠현상으로 인해 망가진 신장이나 심장 등의 장기를 스스로 재생할 수 없다. 그래서 다른 사람의 건강한 장기를 이식받아야 하는데 이것은 주로 기증자나 뇌사자의 장기를 공급받아 이루어진다. 그런데 장기를 주겠다는 사람보다 장기를 필요로 하는 사람이 훨씬 많은 것이 현실이다. 전세계적으로 약 500만 명이 심장이식을 기다리고 있는 반면 심장을 제공할 수 있는 뇌사자는 5천 명 정도에 불과하다. 한 해에 심장이식을 기다리다 죽어가는 사람만 해도 1년에 3천 명 이상이 된다고 한다. 이처럼 장기가 부족해지자 장기매매, 인신납치 등 장기를 불법적으로라도 확보하기 위한 부작용이 그치지 않고 있다. 전세계 과학자들은 이런 심각한 장기 부족난 해결을 위해 1960년대부터 인공장기나 동물 장기 등 대체 장기의 인체 이식을 연구해왔다. 그러나 대부분의 포유동물 장기를 이식하는 경우 사람의 장기와 크기나 기능이 다를 뿐 아니라 이식 후 면역거부반응도 커 그다지 진전을 보지 못하고 있다.

만일 거부반응이 나타나지 않도록 유전자를 조작한 복제 동물을 만든다면 이 문제도 해결될 수 있으리라고 생각한다. 이런 복제 동물로 가장 적절하게 생각되는 것이 돼지다.[2]

돼지가 인간 이식용 장기를 공급할 수 있는 가장 적합한 동물로 여겨지고 있는 이유에는 여러 가지가 있다.

우선 돼지의 심장, 신장, 간 등 각종 장기의 해부학적 구조와 생리적 특성이 사람의 것과 비슷하고 영장류에 비해 윤리적 논란이 적다. 그리고 돼지는 임신 기간이 66일로 1년에 두 번이나 새끼를 낳을 수 있으며, 한번 출산할 때 평균 15마리를 출산하는 다태동물이다. 그렇기 때문에 복제돼지 한 마리만 만들어도 1년에 30~40마리분의 장기를 확보할 수 있게 된다. 또한 복제돼지를 만드는 과정에서 인체에 이식한 후 거부감을 줄이는 유전자 조작이 다른 동물에 비해 비교적 쉽다는 점도 장점으로 꼽힌다. 돼지의 경우 세포핵을 난자에 넣어 복제하는 과정에서 유전자를 일부 조작하면 인체 이식 후 거부감을 줄일 수 있다는 사실이 이미 밝혀졌다.

돼지 장기의 표면에는 사람에게 항원으로 작용하는 당성분(galactose-α1,3-galactose)이 존재하여 돼지의 장기를 사람에게 이식할 경우 초급성 면역거부반응이 일어나 불과 몇 분 이내에도 이식받은 사람이 죽을 수 있다. 따라서 과학자들은 돼지의 세포에서 이 항원을 합성하는 알파-1,3-갈락토스 전이효소의 유전자를 유전자 적중법gene targeting에 의해 파괴시킨 다음, 이 세포의 핵을 수정란에 이식하여 복제 돼지를 생산하면 되는 것이다.[3]

하지만 돼지의 복제기술은 양이나 소에 비해서 몇 년 뒤져 있다. 돼지의 수정란에는 지질이 많이 함유되어 수정란을 조작하는 것이 힘들고, 어렵게 착상을 시키더라도 잘 자라지 않는다. 게다가 돼지는 다태동물이라 소수의 수정란을 이식해서는 대리모가 생리적으로 임신에 따른 반응을 보이지 않는다. 성공적으로 복제돼지를 생산하기 위해서는 수십만 개의 복제 배아를 생산해야 하고 수백 회 이상의 대리모 이식이 필요하다.

그럼에도 불구하고 복제돼지를 생산하려는 노력은 끊임없이 지속되어 왔다. 2000년 3월 5일 PPL세러퓨틱스는 수년에 걸친 경쟁 끝에 최초의 복제돼지 5마리를 만들어냈다. 연구팀은 성체돼지세포의 피부에서 채취한 세포의 DNA를 세포핵을 제거시킨 돼지의 난자에 주입하는 방식으로 복제돼지를 만들었다.[4]

한편 일본 농수산성 축산시험장은 2000년 3월 1일 이와는 다른 방식으로 복제돼지를 탄생시켜 공개했다. 일본 연구팀의 오니시 아키라Onishi Akira 박사는 중국산 흑돼지 태아의 섬유아세포에서 핵을 채취, 유전자 조작된 난자에 전기충격을 주어 배아로 성장시킨 뒤 이를 암퇘지의 자궁에 투입했다. 일본 연구팀은 4마리의 백색 암퇘지에 총 110개의 유전자 변형된 배아를 주입하여 이 중 1마리에서 건강한 암놈이 태어났다고 발표했다.[5]

2001년 4월 11일 PPL세러퓨틱스는 외부유전자를 주입한 복제돼지 5마리가 건강하게 태어났다고 발표했다. 이 복제돼지는 핵을 제거한 돼지의 수정란에 외부의 유전자를 주입한 체세포를 융합시켜 대리모에 임신시켜 만들어졌다. 유전자 조작된 세포가 주입됐다는 점에서 지난해 단순 복제한 돼지와는 다르고, 이로써 인간에게 거부반응 없이 이식할 수 있는 유전자 조작 장기 및 세포를 지닌 돼지를 복제할 수 있는 길이 열렸다고 말했다. 이런 유전표지 주입 복제돼지 탄생은 돼지 체세포에서 아주 빨리 작동하는 거부항원 유전자가 발현되지 않는(녹아웃knock-out) 돼지를 만드는 중간단계쯤으로 평가받는다.[6]

2002년 1월 3일에는 미국 미주리대학과 바이오벤처 이머지바이오세러퓨틱스에 의해서 인체 거부반응 유전자를 제거한 '녹아웃' 복제돼지가 탄생했다. 우선 돼지세포에서 인체에 거부반응을 일으키는 유전자를 찾아내 그 기능을 없앤 뒤, 핵을 제거한 난자에 이식하는 방식으로 4마리의 녹아웃 돼지를 복제하는데 성공했다. 특히 이 연구에는 축산기술연구소 임기순 박사, 미주리대 연구원 박광욱 박사와 강원대 수의학과 정희태 교수 등 한국인 3명이 참여해서 화제를 일으켰다. 그런데 이 돼지들은 한 쌍의 대립유전자 중 한 개만을 제거한 것이다.[7]

그러나 사람에게 장기를 이식하기 위해서는 한 쌍의 대립유전자 모두에서 거부유전자를 제거해야 한다. 이런 돼지를 만들기 위해서는 두 가지 방법을 사용할 수 있다. 첫 번째 방법은 한 개의 대립유전자만 제거된 복제돼지끼리 교배하여 새끼를 낳게 하는 것인데, 이 4마리 중 1마리는 장기이식에 사용할 수 있는 돼지로 태어나게 된다. 두 번째 방법은 복제돼지에서 체세포를 떼어내어 대립유전자 중 제거되지 않은 나머지 한 유전자를 다시 제거한 다음 이 체세포를 핵을 제거한 난자와 융합한다.

2002년 8월 21일 PPL세러퓨틱스는 면역거부반응을 일으키는 유전자 두 쌍을 모두 녹아웃시킨 복제돼지 4마리를 출산하는데 성공했다고 발표했다.[8]

PPL은 이 복제돼지들이 장기나 세포를 사람에게 이식했을 때 초급성 거부반응을 일으켜 이종장기를 이식받은 사람을 아주 짧은 시간 내에 죽게 만드는 세포 표면의 당분을 만드는 유전자 두 쌍을 모두 '녹아웃' 시켰다고 밝혔다. 이 업적으로 돼지의 각종 장기나 세포를 사람에게 이식하는 이종이식에 한걸음 더 다가설 수 있게 되었다.

그러나 이런 연구 결과들이 돼지의 장기를 바로 인체에 이식할 수 있다는 것을 의미하지는 않는다. 왜냐하면 복제돼지의 성장과정 중 장기의 이상 유무, 바이러스 감염 여부 등을 확인해야 하기 때문이다. 이 때문에 과학자들은 복제 돼지가 임상에 적용되려면 상당한 기간이 소요될 것이라고 말한다.[9]

불꽃 튀기는 경쟁

우리나라에서도 이미 복제돼지를 둘러싼 경쟁이 뜨겁다. 미주리대학의 복제돼지 연구에 참여한 임기순 박사, 박광욱 박사와 정희태 교수 이외에도 경상대 농과대학 축산과학부 김진회 교수팀과 서울대 동물병원의 황우석 교수팀 등이 이런 연구를 주도하고 있다.

2002년 3월 5일 서울대 농업생명과학대학 수의학과 황우석 교수팀이 충북 음성 복제돼지 연구소에서 형광 발현 단백질 유전자를 주입한 돼지의 체세포를 복제해서 만든 수정란으로 임신한 대리모 돼지를 제왕절개하여 복제 돼지의 출산을 시도했으나 복제돼지는 자궁에서 죽은 상태로 태어났다.

2002년 7월 14일 김진회 교수팀과 조아제약 연구팀은 영국, 미국, 일본에 이어 국내에서 처음으로 체세포 복제기술을 사용하여 복제돼지 '가돌이' 1, 2호 등 2마리를 생산하는데 성공했다. 하지만 이 복제돼지 2마리는 어미돼지가 산고로 죽으면서 초유를 공급받지 못해 면역력이 급격히 떨어진 상태에서 바이러스에 감염, 설사 등에 의한 탈수증으로 2주 정도 경과한 28일과 29일 차례로 죽었다.

2002년 8월 5일 오후 10시 30분 황우석 교수팀은 충북 음성에 있는 대상농장에서 국내 처음으로 기존 돼지의 일부 유전적 형질을 바꾼 복제돼지 1마리를 생산하는데 성공했다. 800마리 대리모에 인공수정을 시도해 40마리가 임신했고, 이중 1마리만 간신히

분만에 성공했던 것이다. 황교수에 따르면 복제돼지는 해파리 추출 단백질로 동물의 몸에 주입됐을 때 녹색 형광빛을 내는 녹색 형광 발현 단백질 유전자가 체세포에 주입된 것으로, 출생한 돼지는 육안으로도 피부 및 점막 조직의 노르스름한 빛깔과 자외선에 대한 녹색 형광 발현으로 형질전환을 알 수 있었다고 설명했다. 하지만 다음날 무리하게 서울대로 옮기는 과정에서 호흡 곤란으로 인해 6일 오후 2시쯤 죽었다고 발표했다.

   2002년 8월 19일 새벽 4시 김진회 교수팀은 경남 진주시 금산면 경상대 동물사육장에서 조혈촉진제인 에리스로포이에틴을 생산하도록 유전자를 주입한 복제돼지 6마리가 태어났다고 발표했다. 그러나 연구팀은 에리스로포이에틴 유전자가 복제돼지에서 발현됐는지 중합효소연쇄반응으로는 확인되지 않았다고 밝혔다. 형질전환 여부는 정밀검사를 통해 1주일 뒤에 확인될 것이라며 형질전환이 성공하면 복제돼지의 오줌에서 에리스로포이에틴을 추출 정제할 수 있다고 보고했다. 연구팀은 2002년 4월 중순 사람의 에리스로포이에틴 유전자가 주입된 체세포를 핵이 제거된 돼지 난자에 넣어 대리모에 착상시키는 체세포 복제 방식을 사용했는데, 이번엔 모두 6마리가 태어나 5마리가 생존했다. 에리스로포이에틴은 사람의 적혈구 생성을 촉진해 산소 공급을 도와 신부전증, 빈혈치료제 등에 쓰이는 조혈촉진제로 1g에 83만 달러에 이르는 비싼 약품이다. 하지만 연구 결과 이 복제돼지들은 에리스로포이에틴을 생산하지 않는 것으로 확인됐다.

   불과 몇 달, 그리고 며칠만에 속속 발표된 복제돼지 연구 결과들은 이 분야의 경쟁이 치열하다는 것을 말해준다. 미국에서도 2002년 1월 4일 미주리대학이 유전자 조작으로 면역거부반응을 없앤 장기이식용 복제 돼지 탄생 결과를 발표하자 비슷한 연구를 해온 경쟁회사인 PPL세러퓨틱스도 인체 장기이식 때 거부반응을 일으키지 않도록 유전 조작된 복제돼지 5마리를 3일 공개했다. PPL세러퓨틱스는 이들 복제돼지가 2001년 12월 25일에 태어났다고 검증되지도 않은 연구 결과를 언론에 서둘러 공개하기도 해 물의를 빚었다.

하지만 선진국에서는 철저한 검증을 거쳐 복제 동물의 탄생을 발표하는 것이 일반적이다. 체세포 복제로 태어난 최초의 동물인 돌리의 경우에도 탄생 6개월만에 발표했고 미국 미주리대학의 형질전환 복제돼지 발표도 6개월 걸렸다고 한다. 하지만 국내에서는 유전자 검사도 거치지 않은 채 당일 혹은 그 다음날 복제 동물의 출산을 발표하는 것이 보통이다. 심지어는 채 형질전환이 밝혀지지도 않은 복제 동물의 사진을 공개하거나 임상적 효과에 대해 발표하기도 한다. 철저한 자기 확인 없는 이런 발표에 대해 한국일보의 송경주 생활과학부 부장은 다음과 같이 꼬집는다.

> 치열한 경쟁이다. 7월 14일 경상대 농과대 김진회 교수팀 국내 최초 체세포 복제돼지 2마리 탄생 성공, 8월 5일 서울대 수의학과 황우석 교수팀 국내 최초 형질전환 복제돼지 생산, 19일 김교수팀 또다시 체세포 복제돼지 6마리 출산 성공, 21일 세계 최초로 복제양 돌리 출산으로 유명한 영국 생명공학 회

사 PPL세러퓨틱스의 복제돼지 4마리 탄생 성공….

　여름 내내 잇따르고 있는 국내외 과학자들의 복제돼지 출산 성공 뉴스는 생명과학계에도 총성만 들리지 않을 뿐 뜨거운 돼지복제 전쟁이 진행 중임을 느끼게 한다. 올림픽에서 아무리 많은 은메달을 획득해도 금메달 하나의 가치를 가지지 못하듯, 과학자들에게도 '국내 최초' '세계 최초'의 기록은 너무나 중요하다. 최초라는 타이틀이 누릴 수 있는 평가와 효과가 두 번째, 세 번째 기록과는 비교도 할 수 없기 때문이다.

　그래서 이 생존의 법칙은 실험실의 과학자들에게까지 복제 경쟁에서 살아남으려면, 앞다투어 자신의 성과물을 알려야 한다는 강박감을 심어주고, 또 압박하는 것 같다. 평소 실험 후 1달 정도는 진득하게 기다린 후, 일러도 1~2주는 지난 후에 자신의 성과물을 발표하던 과학자들의 냉정하고 객관적인 태도는 온데간데없고, 유전자 검사 결과가 나오기도 전에 과학자들은 자신의 성과물, 즉 갓 태어난 아기복제돼지의 사진을 공개하고 있다.

　복제돼지의 탄생은 물론 우리에게도 기쁜 뉴스이다. 인간의 장기와 가장 비슷한 구조를 가지고 있어, 돼지는 장기 기증이 거의 이루어지지 않는 우리에게 인간의 장기를 대체하는 유일한 대안으로 평가받고 있기 때문이다.

　그러나 문제는 뾰죽한 주둥이의 복제돼지 탄생 사실만으로는 질병 치료를 향한 우리의 장밋빛 미래가 실현될 수 없을 것이라는 사실이다. 김교수의 복제돼지 2마리가 태어난지 보름

만에, 황교수의 복제돼지가 하루 만에 각각 죽은 사실만으로도 돼지 복제의 기술은 아직 해결해야 할 점이 많다는 것을 알려준다.

아마 과학자로서 김교수의 목표는 단순한 복제돼지 생산은 아니었을 것이다. 복제돼지 생산은 목표를 이루기 위한 수단이었을 뿐, 진짜 목표는 조혈촉진제 '에리스로포이에틴(EPO)'을 생산할 수 있는 '형질전환' 복제돼지의 탄생이었을 것이다. 아쉽게도, 김교수는 두차례에 걸쳐 얻은 복제돼지 8마리에서 EPO를 추출하는 데는 실패했다. 최종목표를 향해 겨우 일보를 디뎠을 뿐, 앞으로 그들 앞에는 넘어서야 할 단계가 더 많이 남아 있다.

이 시점에서 과학자들에게 필요한 것은 자유로운 연구 환경이다. 선의의 경쟁은 필요하겠지만, 과학자들이 감당하기 어려운 압박에 휘둘리는 일이 있어서는 안될 것이다. 단순히 복제돼지가 태어났다는 사실만으로 더 이상 과학자들이 뉴스의 인물은 되지 않았으면 한다. 한 단계 기술 수준을 뛰어넘었다는 확신이 든 후, 충분한 검증 절차를 거친 후, 진짜 우리에게 희망을 줄 수 있는 복제돼지를 안고 실험실 밖으로 나왔으면 한다. 깨끗하고 질서 있는 과학계를 위해….[10]

바이오 주식 절대로 사지 마라

　미국의 작은 바이오 벤처기업이었던 암젠은 현재 빈혈치료제 에리스로포이에틴EPO이라는 상품 하나로 2001년도 기준 시가 총액이 삼성전자의 1.6배인 600억 달러에 이르는 세계 최대의 바이오 기업으로 성장했다. 연간 매출액만도 40억 달러. 개발한 상품 에리스로포이에틴의 특허권을 인정받으면서 1g당 금값의 7만 배에 달하는 천문학적인 가격인 83만 달러의 황금알이 되었기 때문이다.

　바이오 벤처들은 모두 이런 꿈을 가지고 있다. 전세계적인 장기이식 시장의 규모는 연 100억 달러에 이른다고 한다. 복제돼지에 대한 연구가 치열한 것도 이런 세계 시장을 선점하기 위한 것이다. 영국의 PPL세러퓨틱스, 미국의 인피젠, 이머지바이오세러퓨틱스, 어드밴스드셀테크놀러지스사 등의 유명 생명공학 회사들이 각축을 벌이고 있다. 우리나라도 후발주자이지만 이 엄청난 시장에 참여하려고 노력하고 있다.

　형질전환 복제돼지에 관한 특허를 가지고 있으면 엄청난 로열티를 챙길 수 있음은 물어보지 않아도 뻔하다. 이를 반영하듯 복제돼지 발표에 따른 주가의 널뛰기도 심했다.

　김진회 교수팀과 형질전환 복제돼지를 공동생산한 조아제약의 주가는 2002년 6월 28일 4,330원이었다가, 7월 18일 체세포 복제돼지 출산에 성공했다고 발표하자마자 주가가 연일 폭등, 코스닥시장의 감리종목 지정에도 불구하고 8월 13일 당시 21,150원으로 뛰었다. 복제돼지는 7월 31일 태어나자마자 사망했지만, 회사 측이 다시 출산을 시도한다고 밝히자 한때 주춤했던 주가는 다시 상한가 행진을 벌였다. 8월 26일에는 36,500원으로 742% 올랐으며 8월말에는 45,700원이 되었다. 그러나 이후 투기바람이 꺼지면서 주가는 내리막길을 걷기 시작해 10월 30일에는 종가 기준 17,200원 수준으로 추락했다.

발빠르게 복제돼지 생산기업도 출범했다. 2002년 7월 25일에는 생명공학 벤처기업 마크로젠과 양돈 축산 전문기업인 선진이 인체 이식용 장기 생산 전문기업 '엠젠바이오'를 설립하고 미국에서 형질전환 돼지 복제에 성공한 박광욱 박사를 최고경영자로 영입했다. 이에 따라 코스닥시장에서는 바이오 관련주들이 초강세를 보인 가운데 마크로젠도 가격제한폭까지 치솟았다. 종가는 전날보다 920원 오른 8,590원. 마크로젠은 장 시작과 함께 강한 매수세가 유입되며 상한가까지 오른 후 장중 내내 상한가를 유지했다. 마크로젠은 공시를 통해 "이미 5억 8천만 원을 출자해 엠젠바이오의 지분 33.3%를 확보했다"고 밝혔다. 마크로젠과 선진의 주가는 3~4일 연속 상한가를 기록했다가 이내 주저앉고 말았다. 이는 양사의 발표가 선언에 불과했기 때문이다.

2002년 10월 31일 거래소 시장에서는 황우석 교수와 공동으로 대상그룹이 추진해온 '형질전환 복제돼지' 개발이 성공할 것이라는 소식으로 대상그룹 관련주들이 폭등했다. 미원 등 조미료와 식료품 업체인 대상이 상한가로 뛰었고 대상사료와 우선주들도 덩달아 크게 올랐다. 또 복제돼지 재료로 급등세를 보였다가 폭락했던 코스닥 등록업체 조아제약도 다시 주목을 받으며 상한가를 기록했다. 하지만 복제돼지가 죽었다는 소식이 전해지면서 10월 30일 1,925원에서 11월 4일에는 2,710원까지 올랐던 대상의 주가가 11월 5일 주식시장에서 7.75% 급락했다.

2003년 1월 7일 엠젠바이오와 함께 장기이식용 돼지 생산을 공동 연구하기 위해 생명과학연구소를 개소한다는 소식에 힘입어 선진의 주가는 거래소 시장에서 개장 초부터 상한가를 나타내며 전날보다 1,550원 오른 12,000원으로 장을 마쳤다. 또한 이날 코스닥시장에서도 생명공학 연구개발업체인 마크로젠이 상한가를 나타내 거래소와 코스닥 모두에서 바이오주들이 동반 상승했다.

2003년 3월 5일에는 전날 제왕절개로 복제돼지 8마리가 태어났다고 공시한 조아제약의 주가가 오전장에서 전일보다 7.61%까지 올랐다가 오후 2시 넘어 투기세가 빠지면서 주가는 결국 하한가인 33,600원을 기록했다.

4월 9일 선진의 주가는 출자회사인 엠젠바이오의 복제돼지가 임신했다는 소식에 전날보다 1,900원 오른 14,600원의 상한가를 기록했다. 선진의 자회사인 엠젠바이오는 지난 2월 착상시술한 복제돼지가 임신에 성공했다고 밝혔다.

이처럼 바이오주들이 장기적인 전망을 염두에 둔 투자라기보다 투기의 대상이 되는데 대하여 투자 전문가들은 우려를 표명했다. 형질전환 돼지가 생산된다고 하더라도 이것이 실제로 임상에 적용되는 데는 적어도 4~5년, 길게는 수십 년이 걸리기 때문이다. 기술적으로는 복제돼지의 장기를 사람에게 이식한 후 초급성 반응 제거 여부에 대한 연구가 이루어져야 하고, 앞으로 지연성 및 만성 거부반응에 대한 연구도 수행되어야 한다. 돼지에서 복제 기술과 이를 이용한 유전자 조작 기술은 아직 초보단계에 불과하고 효율적인 형질전환 복제 기술의 확립과 농학과 의학 부문에 기여할 수 있는 돼지의 생산과 응용 등의 실용화를 위해서도 해결해야 할 많은 연구 과제가 남아 있다.

전문가들은 주가의 이상 급등을 주도했던 복제돼지 열기와 그 후유증이 다른 바이오 기업에도 재현될 수 있다며, 단순한 기대감에 근거한 '투기'에 경계감을 나타내고 있다. 복제돼지는 기업 수익성과 바로 직결되지 않기 때문에 당장의 이익모멘텀은 없으며, 현재 연구 사업이 회사 수익으로 연결되기까지는 상당한 시간이 걸리는 만큼 투자에 유의해야 한다고 강조한다.

하지만 대부분의 바이오 벤처기업들은 투자설명회 때 이런 점을 충분히 설명하지 않고 미래의 대박 희망만 부풀리는 경우가 많다. 또한 국내에서 바이오 기업으로 분류되는 대부분의 기업이 바이오 연구와는 전혀 상관없는 사업 분야를 주력으로 삼고 있다. 국내 바이오 기업들의 수익모델도 구체적이지 못하다는 지적도 있다. 국내에서 앞서간다는 마크로젠도 유전자 기능 연구보다는 염기서열 분석이나, 이미 알려진 유전자 정보에 맞는 DNA 칩 개발에만 주력하고 있다. 수많은 바이오 벤처기업이 생겨났으나 단기간 내에 수익성이 뒷받침되지 않는다면 대개가 사라져 버릴 정도로 성공률이 매우 낮다.

언제부터인가 우리 증권시장에 '바이오'란 말이 유행하고 있다. 하지만 '바이오'라는 이름을 달고 있다고 해서 모두 다 이름값을 하는 것은 아니다. 서울대학교 생명과학부 김선영 교수의 글을 인용해보자.

바이오테크는 21세기에 거대 시장을 창출할 몇 개 분야 중 하나이고, 언론은 이런 사실을 일반인들에게 급속히 전파하고 있다. 유전정보나 유전자 조작을 통한 바이오테크가 삶의 질을 향상시키고 거대시장을 창출하리라는 데는 이견(異見)이 없다. 정보·통신분야와는 달리, 시장 생명력이 길고 기술 독점성이 강한 바이오테크 분야가 투자자들의 기대를 받는 것은 당연하다. 페니실린 계통 항생제나 아스피린이 수십 년 동안 사용되고 있다는 것과, '암젠'이라는 미국 벤처회사가 EPO라고 불리는 제품 하나로 미국에서만 2조 원 가까운 시장을 형성하여 10년 가까이 독점하는 사례를 보면 바이오테크의 매력은 대단하다.
바이오테크가 가진 이같은 고부가가치와 오랜 생명력은 수개월에서 기껏 2년 단위로 판도가 뒤바뀌는 정보통신 시장과는 비교할 수 없다. 그러나 최근 국내 투자자들이 소위 '바이오' 관련 회사에 보이는 열정을 보면 조마조마하기만 하다. 그 이유는 무엇보다도 우리 투자자들이 바이오나 바이오칩에 대한 지식이나 정보가 없는 상태에서 투자를 하고 있다는 점 때문이다. 게다가 일반 개인투자자들이 생각하는 고난도 하이테크기술을 사용한 바이오 회사는 국내에 매우 드물다. 물론 미국에는 100여 개가 넘는 바이오칩 회사가 있고, 이들 중 일부는 시가총액 1조 원을 넘는다. 그러나 바이오칩 기술은 다방면으로 기술 축적이 필요하고, 이것이 특허로 문서화되어 있어야 하며, 상용화에는 유전자에 대한 지적재산권 확보도 중요하다.

그러나 국내의 어느 '바이오' 관련 회사도 이러한 기반을 구축하고 있지 못하다. 따라서 R&D 경력조차 제대로 갖추지 못한 회사가 갑자기 바이오칩을 주요 상품으로 개발하는 회사로 둔갑하여 불특정 다수 개인 투자자로부터 주식을 공모하는 것은 문제가 아닐 수 없다. 만에 하나라도 주가폭락같은 사태를 맞을 경우 신뢰도가 떨어지면서 바이오테크 분야 전반에 대한 투자가 크게 움츠러들 수 있기 때문이다. 제품화가 빠른 정보 통신과는 달리, 바이오테크 분야에서는 회사를 예쁘게 포장하여 자금을 조성하려기보다 기술을 축적하여 내실을 기하고 구체적인 사업계획을 확정, 회사 자산가치를 올린 다음 일반 투자자들의 자금을 유치해야 할 것이다. 특히 매출 발생 시점이 아직 구체적이지 않고 기술개발도 완료되지 않은 단계에서는 개인투자자보다는 기관투자가나 투자조합으로부터 자금을 유치하는 게 올바른 자금조달 방법이다. 모처럼 조성된 바이오테크 열기와 투자자들의 기대를 저버리지 않기 위해서는 관련기업들이 연구 결과와 기업내용을 과대 포장하는데 급급하기보다 국제경쟁력있는 기술과 소재를 먼저 개발하여 진정한 바이오 분야의 성공 모델을 보여줘야 한다.[11]

실제로 여러 사례를 살펴보면 아직까지 복제 동물의 상업성은 불투명하다. 한국의 첫 복제소인 '영롱이'는 처음에 목적한 대로 송아지를 낳은 후 보통 암소보다 두 배 가량 많은 젖을 생산했다. 그러나 세계 어느 나라도 복제소의 우유에 대한 안전성을 평가하지 않고 있으며 이를 사용하도록 허락한 나라도 없다. 또한 인간 성장호르몬이 들어 있는 우유처럼 소비자의 저항을 어떻게 극복하는가라는 문제도 있다. 더군다나 우유의 값이 내려가면서 우량 복제 젖소의 경제성도 줄어들었다. 한국생명공학연구원의 이경광 박사가 개발한, 인간의 모유 성분인 락토페린 유전자를 갖도록 형질전환한 젖소 '보람이'는 락토페린의 농도가 상업적으로 이용할 수 있는 수준의 절반 정도밖에 되지 않는다. 한국과학기술원의 유욱준 교수에 의해서 개발된, 면역강화제인 백혈구 증식 단백질을 생산하는 유전자 변형 흑염소 '메디'의 경우도 젖에서 나오는 백혈구 증식 단백질이 필요한 농도보다 훨씬 부족하다.[13]

미국에서도 최첨단 산업으로 각광받던 바이오 산업이 추락 위기를 맞고 있다. 많은 바이오 기업들이 우후죽순처럼 생겨났지만, 화려한 외양에 비해 산업화된 비율은 그리 많지 않다. 그 이유는 기업의 대부분이 한 가지 아이디어에서 출발해 이를 전문화했기 때문이다. 그러나 이같은 전문성은 시간이 지나면서 장애물로 작용하고 있다. 신약을 출시하는 데는 연구 기간만도 7~12년이 걸리고, 1억~1억 5천만 달러의 비용이 소요되는 게 보통이다. 그러나 단일기업은 이처럼 막대한 자금은 물론 신약 개발에 필수적인 생물학, 약리학, 생리학 등의 연구재원을 충분히 확보할 수 없다. 제약업계가 연간 2백 50억 달러의 연구비를 투자하는 반면 바이오테크 업계는 고작 15억 달러밖에 투자할 수 없어 신제품 개발 기간과 성공 확률은 더 떨어질 수밖에 없는 실정이다.

설상가상으로 신제품들은 기대에 부응하지 못했다. 인슐린 등 유전자 기술을 이용한 지극히 '인상적인' 신약은 일부이고 나머지는 부작용이나 약효가 없어 상업화에 성공하지 못했다. 미국에서 매년 발병자 60만여 명에 사망자 10만 명을 낳는 패혈증 치료제 개발 실패담은 단적인 예다. 소마, 코르테크, 센토코르, 시론 등 선두기업들은 각각 수백만 달러를 투자했으나 효능 있는 치료제를 개발하지 못했다. AIDS도 같은 경우다. 바이오젠, 제네테크, 임뮨 리스폰스 등은 AIDS에 대한 이해의 폭은 넓혔으나 확실한 물건은 만들지 못했다.

이같은 실패는 가급적 빨리 신제품을 만들어 투자자들로부터 더 많은 R&D 자금을 얻어내야 한다는 압력에 시달리는 경영의 실수에서 비롯됐다. 센토코르, 코르테크, 마가이닌 등 10여 기업은 개발한 신약의 효능 미달과 부작용으로 주가 폭락을 면치 못하게 됐다. 이같은 위기에는 신규 진출을 재촉한 모험자본가와 달콤한 수수료 때문에 가망 없는 기업들의 상장을 막지 않은 투자은행, 그리고 특허 수입을 노려 자체 과학자들에게 기업 설립을 부추긴 대학도 책임이 있다.

하지만 2000년 6월 인간게놈프로젝트의 결과가 발표된 이래 질병 관련 유전자의 탐색과 이에 기반한 신약 개발에 바이오 산업들은 사활을 걸고 있다. 이를 위하여 선진국의 바이오테크 기업들은 염기서열 분석과 새로운 서열에 근거한 바이오칩의 개발을 주목표로 하고 있다. 하지만 우리나라 증시 전문가들은 게놈 프로젝트 발표가 수익과 직접 관련되는 부문이 없고 단지 이를 활용, 특허를 취득하고 기술개발에 도움을 줄 뿐이라고 분석했다. 따라서 유전자 관련 기술이 초보단계에 머물고 있는 우리나라에서는 실질적으로 이로 인해 이득을 보는 수혜주는 거의 없을 것 같다.

최근 들어 600여 개의 바이오 벤처기업 가운데 제대로 활동중인 기업은 코스닥 등록 기업 외에 100여 개가 채 안되는 등 바이오 벤처기업들이 최악의 경영난을 겪고 있다. 경영전문가들은 바이오 벤처의 고유한 수익모델이 없는 가운데, 투자시장이 위축되고 개발한 제품의 시장 진입에 필요한 각종 규제와 허가, 판매망 확보 등 개발 이후 상황을 감당하지 못하고 있어 하루 빨리 체질 개선을 하지 않으면 바이오 산업 자체가 송두리째 흔들릴 것이라고 지적한다.[13]

제8장

섹시한 과학자

과학과 신화
언론 플레이
고양이에게 생선을?

제8장
섹시한 과학자

과학과 신화

 2002년 9월 한국과학문화재단은 청소년에게 본보기가 되는 과학기술인 10명을 '닮고 싶고, 되고 싶은 과학기술인' 으로 선정했다. 선정된 인물에는 복제소를 만들어내는 등 생명공학 기술 개척에 앞장서 온 황우석 교수가 포함되어 있었다. 그는 1999년 2월 국내에서는 최초로 복제소 '영롱이' 를 탄생시키면서 단숨에 스타 과학자로 떠올랐다. 황우석 교수는 영롱이에 이어 한우 '진이' 등 복제소를 잇달아 출산시켰고, 유전자를 바꾼 복제돼지를 선보이기도 했다. 그는 백두산 호랑이 복제, 장기이식용 돼지 복제 등을 연구하며 한국의 복제 동물 연구를 주도하고 있다.
 우리나라처럼 과학전문기자가 적고, 이에 대한 전문성이 떨어지는 언론에서는 그의 말 한 마디 한 마디가 뉴스가 된다. 뉴스를 찾아 헤매는 언론은 과학연구에서도 '물건' 을 발견해내려 혈안이 되어 있기 때문이다. 멸종한 동식물을 되살려내겠다는 시도를 한다면 뉴스로서의 가치는 충분하다. 우리나라에서 이미 멸종한 백두산 호랑이를 되살려내겠다면? 더군다나 남북 화해 무드와 겹쳐 남북 협력 사업의 일환으로 반입해 온 한국산 암호랑이의 복제를 시도한다면 뉴스의 가치는 폭등하기 마련이다.

백두산 호랑이는 1800년대부터 숫자가 급격히 감소하기 시작했다. 그 당시 이미 포획과 밀렵이 성행해 중국, 소련, 일본 등지로 팔려 나간 한국 호랑이의 가죽만도 800마리분이 넘는 것으로 추산된다. 1900년 무렵부터 한국 호랑이는 멸종 위기에 처했다. 남한 땅에서는 1921년 경북 대덕산에서 사살된 호랑이가 마지막으로 우리 앞에 모습을 드러낸 것이었다. 그러나 북한에서는 1950년대까지 50여 마리가 자라고 서식했던 것으로 알려져 있다. 황교수는 한국인이라면 누구나 어려서부터 호랑이 얘기를 듣고 자랐으며, 그런 호랑이가 한반도 생태계에서 멸종 위기에 처했다는 사실을 알게 된 뒤 호랑이 복제를 일종의 특명처럼 느꼈다고 말하고 있다.

황교수는 여러 번 호랑이의 체세포를 채취, 핵이식 및 배양과정을 반복하여, 복제배아를 대리모의 자궁에 착상시키는 일을 반복했다고 보도되었다. 최초의 복제소 영롱이가 태어난 1999년 2월 황우석 교수는 백두산 호랑이를 복제하고 있음을 밝혔다. 그 뒤 1999년 8월과 12월에는 백두산 호랑이 복제 계획이 신문지상을 통해서 발표되었다. 특히 동년 12월에는 백두산 호랑이가 배반포기까지 연구를 마친 상태로 착상을 앞두고 있다고 밝히기도

했다. 2000년 1월 초에는 2000년 말에 백두산 호랑이가 태어난다고 예상했다. 2000년 4월에는 4월 5일에 대리모에 호랑이 수정란을 착상시켰다고 발표했고, 7월말이면 백두산 호랑이가 태어난다고 했다. 2000년 7월 하순에는 다른 고양이과 동물의 난자를 이용했다고 발표했다.

그런데 느닷없이 2000년 8월 중순 무렵부터 백두산 호랑이 복제가 위기에 빠졌다는 신문기사가 나오기 시작했다. 보도에 의하면 그해 4월께 7마리의 대리모에 호랑이 체세포를 이식했으나 1마리는 착상에 실패하고 5마리는 유산돼 나머지 1마리에서 호랑이가 태어나기를 기대하고 있다는 것이었다. 사람들의 기대만 한껏 부풀려 놓은 채 2000년 8월 이후로 황우석 교수의 호랑이 복제에 대한 이야기는 자취를 감추었다. 황우석 교수는 여전히 말한다. "우리가 몇 년째 백두산 호랑이 복제 실험을 하고 있는 거 아시지요? 앞으로 몇십만 번 더 실험을 해야 할지 모릅니다. 과연 성공할 수 있을지도 장담 못합니다. 그래도 우리는 그 일을 합니다. 그게 과학자예요. 왜냐하면 우리가 해야 하고, 하고 싶고, 또 성공한다면 상당한 학문적 희열을 주는 일이니까요. 실패의 과정 속에서도 가치 있는 과학적 결과를 얻을 수도 있구요."[1]

2003년 11월 19일 KBS뉴스에서도 다시 한국 호랑이를 복제로 되살린다는 보도가 등장했으나, 그 이전의 보도와 별반 다를 것 없는 내용이었다. "연구팀은 낭림이의 체세포를 호랑이가 아닌 다른 흔한 동물의 난자에 이식했고 이렇게 복제된 배아 역시 호랑이의 자궁이 아닌 다른 동물의 자궁에 착상시켰습니다. 결국 다른 동물에게서 호랑이가 태어나는 것으로 이종간의 동물 복제는 세계에서 처음 시도되는 일입니다." 정규심사를 받아 논문에 게재된 과학적 사실에 근거하기보다는 일부 과학자의 발표에 의존하는 언론 보도는 현실을 왜곡하여 생명과학을 다음과 같이 신화화하는 데 기여한다. "최종적으로 이 호랑이 복제가 성공하면 연구팀은 맘모스 등 이미 멸종된 동물을 호랑이와 똑같은 방법을 이용해 복원시킬 계획입니다." 현재의 기술로 멸종한 동물을 되살리는 것은 '쥐라기 공원'에서나 있음직한 상상에 불과하다.[2]

황교수가 시도한 방식은 백두산 호랑이의 체세포에서 채취한 핵을 고양이와 소의 난자에 이식해 두 종류의 또 다른 동물에 착상시키는 '3원 이종복제' 방식으로 실패 가능성이 매우 높다. 본래 과학실험이란 가장 다루기 쉬운 재료를 사용하여 기본적인 기술을 축적한 후 이를 점차 시도가 어려운 재료에 적용하는 것이 일반적이다. 그런데 동물 가운데서도 고양이과 동물을 복제하는 것이 가장 어렵다고 알려져 있다. 왜냐하면 고양이의 수정란 분할 과정은 사람을 포함한 다른 포유동물보다 몇 배나 빠르고 생리적 특성도 독특하기 때문에 체외배양 조건이 상당히 까다롭다. 미국에서도 벌써 수년 전부터 고양이과 복제를 시도해 왔지만 성공하지 못하다가, 2002년 2월 텍사스 A&M대학에서 마침내 고양이과 복제에 성공하게 되었다.[3]

우리나라 과학자인 신태영 박사를 중심으로 한 연구팀은 암고양이의 난자를 둘러싸고 있는 난구세포로부터 배아를 만들었다. 무려 188차례의 복제 실험을 통해 얻어낸 82개 배아를 8마리의 대리모 자궁에 착상시켜 도중 유산된 1마리를 포함해 모두 실패로 돌아갔다. 연구팀은 그 뒤 수컷의 구강세포 대신 암고양이의 난구세포와 구강세포를 이용, 다시 복제배아 5개를 만들어 대리모에 이식했다. 이 가운데 난자를 둘러싸고 있는 보호세포인 난구세포로 만든 배아 하나가 무사히 자라나 지난해 12월 22일 제왕절개로 Cc(Copy cat)라고 이름 붙여진 유일한 생존 개체를 얻을 수 있었다.

   이에 반해 황교수는 고양이과 가운데서도 가장 다루기 힘들고 개체의 수가 적어 난자를 모으기도 힘든 호랑이 복제를 시도했다. 우선 호랑이의 귀에서 체세포(섬유아세포)를 긁어 모은 다음, 이 핵을 심을 난자를 호랑이 대신 고양이에게서 얻고자 했다. 호랑이 복제를 하려면 호랑이 난자가 필요한데 호랑이의 난자 채취가 곤란했기 때문이다. 야생동물인 호랑이는 사람이나 가축과 달리 자연배란을 하지 않고 300~500회의 교미자극이 있어야만 교미 중에 배란을 한다. 그래서 고양이와 소의 난자를 이용했다. 이러한 이종간 복제는 미국 등 몇 나라에서 시도되었을 뿐 성공한 사례는 없다. 1999년 한 해만도 이를 위해 사용된 암고양이의 숫자가 1천 마리에 달했다. 하지만 이런 고양이를 구하기도 어려워 도살된 후 버려진 소의 난자를 이용하기로 했다. 하지만 소와 호랑이는 애당초 과가 다른 만큼 이종간 핵이식이 어려울 것으로 예상된다. 핵이식시 호랑이의 핵으로부터 DNA의 97%를 물려받게 되지만 소 난자의 세포질에 들어 있는 미토콘드리아에서 나머지 3%를 받기 때문에 핵이식이 이루어진다고 하더라도 수정란이 계속적으로 배로 발달하기는 어려울 것이다.

온한대 지역 호랑이의 발정기는 2월에서 4월까지로 한정되어 있기 때문에 대리모를 구하는 일도 쉽지 않다. 그래서 임신기간이 평균 105일로 호랑이와 비슷한 사자를 대리모로 쓸 수밖에 없었다. 황교수는 에버랜드와 서울대공원에서 사육 중인 7마리의 호랑이와 암사자에 개복수술을 해서 복제배아를 이식했다.

연구원들과 합숙을 하면서 새벽부터 밤늦게까지 실험에 몰두하는 황우석 교수의 끈기와 집념은 이미 학계뿐만 아니라 일반인에게도 널리 알려졌다. 하지만 수정란에서 핵을 제거한 후, 핵이 들어 있는 세포와 융합시키거나, 혹은 세포에서 핵을 떼어내서 집어넣는 방식보다는 유전자 연구 등을 통해 왜 핵이 제대로 분열하지 않는지에 대한 근본적인 이유를 먼저 밝혀내야 할 것이다. 최근 영장류의 배아 복제가 제대로 이루어지지 않는 이유가 유전자 차원에서 밝혀진 것[4]은 이런 측면에서 많은 것을 알려준다. 이렇게 유전자 차원에서 원인이 밝혀지게 되면 배아 복제 기술을 한단계 전진시키는데 많은 도움이 될 것이다. 근본 원인을 교정하지 않은 채 세포를 융합하거나 체외 배양시 배양액의 조건이나 전기자극의 세기, 최적 환경 등과 같은 부수적 조건에만 매달려서는 안된다.

여기서 다시 왜 황우석 교수는 백두산 호랑이의 복원이라는 군이 어려운 과제에 도전했을까, 그리고 왜 그가 자신의 실험이 성공을 거두기도 전에 여러 차례에 걸쳐 언론에 공표했을까라는 문제를 생각해보게 된다. 황우석 교수의 이런 행동에서 한편으로는 갖은 어려움을 무릅쓰고 남이 하기 힘든 과제를 성취하려는 과학자의 임무 같은 것을 느끼기도 하지만, 다른 한편으로는 씁쓸한 뒷맛이 나는 것도 사실이다. 제대로 된 연구 결과를 얻기도 전에 서둘러 발표부터 해버리는 것은 언론의 발표 저널리즘과 결합하여 선정적인 보도가 될 수 있는 위험성을 갖는다.[6]

앞에서도 말했다시피 우리나라에서 멸종한 백두산 호랑이를 되살린다는 것만큼 대중들에게 깊은 인상을 남길 수 있는 것이 어디 있겠는가?

하지만 확실한 연구 결과를 얻기도 전에 자신이 연구에 착수했다는, 또는 연구가 진행되고 있다는 사실을 언론에 흘린다는 것은 연구자나 대중 모두에게 해로울 수도 있는 것이다. 특히 배아복제의 경우와 같이 제대로 된 연구 결과를 얻기 힘들고 윤리적 논란이 많아 아직 사회적 합의가 이루어지지 않은 연구 결과를 언론에 발표할 경우에는 과학자에 대한 신뢰를 떨어뜨리거나, 과학에 대한 대중의 신임을 얻기는커녕 손상시킬 수 있다. 언론에 발표된 연구 결과의 일부는 학술회의를 통해서 얻은 것일 수도 있지만, 논란의 소지가 있는 경우 대중에게 공표할 준비가 되지 않은 채로 언론을 통해 초보적인 결과를 발표해서는 안될 것이다. 그런 점에서 언론을 통해 인간 유전자를 가진 생쥐 발표에 대한 다음과 같은 지적은 시사하는 바가 크다.

> 과학적 검증 여부를 떠나 이번 발표는 몇 가지 문제점을 안고 있는 것 같다. 우선 인간의 배아세포를 쥐의 배아세포와 융

합한 이번 실험은 현재 정부가 제정·공포할 생명윤리법에서 엄격히 금지하고 있는 사안이다. 인간과 동물의 배아 융합 등 이종 간의 교잡 행위는 법안에 엄연히 금지조항으로 명시돼 있으며, 이를 어길 경우 처벌 받는다. 반수반인의 탄생을 막기 위함이다.

이에 대해 연구팀은 "현재 생명윤리법이 공포된 상태가 아니며, 새로운 법안에 그런 내용이 있는 줄은 몰랐다"고 말했다. 하지만 연구소측이 법 제정과 관련된 공청회에 빠지지 않고 참석한 점을 감안하면 법 시행 이전에 실험을 강행한 인상을 지울 수 없다.

또 이 연구소가 생명공학 연구에 기여한 것은 인정하지만 문제는 새로운 연구 사실이 매번 언론 발표를 통해 알려진다는 데 있다. 권위 있는 국제학술지에 정식 논문으로 발표한 적이 없다. 전문가 그룹의 검증을 받지 않은 셈이다.

그동안 제약회사 등에서도 적절한 검증 절차를 거치지 않은 채 'ㅇㅇ암 특효약'이라는 등 언론에 먼저 흘리는 사례가 적지 않았다. 이번 기회에 연구소나 제약회사 등에서 '홍보용 언론 플레이'라는 오해를 살 만한 발표를 삼갔으면 한다.[6]

언론 플레이

2003년 12월 초 모든 미디어는 수술복을 입고 나와 세계 최초로 광우병 내성을 가진 소와 형질전환 미니돼지의 결과를 발표하는 황우석 교수와 대통령 내외의 현장 방문 모습을 대대적으로 보도했다. 특히 연구진은 특수 유전형질을 지닌 돼지와 소의 생산 과정과 이식, 착상 실험을 대통령 앞에서 실연했다. 연구진은 "광우병 예방은 물론 국내 생명공학 기술을 국제적으로 인정받는 계기가 될 것으로 보인다"고 했다. 대통령과 시청자에게는 깊은 인상을 주었을지 몰라도, 과학적으로 광우병 내성 소라는 표현은 다소 과장된 것으로 생각한다. 광우병 유발인자인 '프리온 Prion 단백질' 가운데 생체 내에 축적되지는 않지만 정상 기능을 수행하는 프리온 변이 단백질이 과발현되는 소라고 표현하는 것이 적당하지 않은가 싶다. 왜냐하면 실제로 광우병에 저항력이 있는지는 앞으로 몇 년간의 실험을 통한 확인이 이루어져야 하기 때문이다. 그래서 그런지 황우석 교수가 발표한 광우병 내성 소의 생산은 세계의 주요 과학잡지들에서 거의 중요하게 다루어지지 않았다.

기자회견이나 보도자료를 통해서 과학자들이 자신의 연구 결과를 언론에 알리고자 하는 것은 하등 이상할 것이 없다. 과학자들이 언론의 이런 조명을 받고 싶어하는 데는 여러 가지 이유가 있다. 과학자들은 선점권을 구축하기 위해서 그들의 연구 결과를 보도하고 싶어한다. 이들은 발표 시기가 늦춰지는 학술지를 통해서 자신들의 결과를 발표할 경우 처리 과정이 늦어져 선점권을 잃게 되지나 않을지 두려워한다. 왜냐하면 선점권은 특허권을 결정하는 데 대단히 중요한 역할을 하기 때문이다.

한편으로는 언론에 자신의 연구를 알림으로써 정책결정자나 대중에게 깊은 인상을 심어주어 자신의 연구를 지원해주도록 효과적으로 설득하려는 이유도 있을 것이다. 대통령은 '광우병 내성 소' 발표회에 직접 참석해 개발 결과를 보고 받고 연구팀의 노고를 치하하는 한편, 바이오 기술을 이용한 의학과 의료 기술이 국가에 얼마나 기여하는지를 실감했다면서 좋은 환경과 여건에서 최대한 역량을 발휘할 수 있도록 정부가 최대한의 지원을 아끼지 않겠다고 약속했다.

〈유전자 연구에 관한 한국 신문의 프레임 분석〉을 연구한 정재철 교수는 생명과학 관련 교수나 연구원 등 전문가들이 칼럼에서 생명 및 인권을 존중해야 한다는 점을 강조한 적이 없는 반면 연구를 지원해야 한다는 점은 강조한다고 보고한 바 있는데[8], 이는 과학자들이 언론을 연구 지원의 기회로 삼는다는 사실을 뒷받침해준다.

황우석 교수는 연구비가 특정 연구 분야를 위해서 집중적으로 지원되어야 한다는 사실을 여러 차례 기고하기도 했다.

공적 지원은 한정돼 있으므로 산-학 협동과 분야별 효율적 연대를 통해 진일보된 체제를 구축해야 한다. 동시에 국제적 틈새시장을 겨냥할 수 있는 유망한 비교우위분야의 선택과 이에 집중하는 정책이 필요하다. 선진국에 비해 전반적으로 열세에 있는 우리나라 과학기술의 현실에서 각 분야의 균형 개발로 일컬어지는 '고통 분담'만을 주장한다면, 우리나라 과학기술의 수준은 전반적으로 동반하락할 것이 분명하다. 자원이 부족한 우리나라의 현실에서 모든 과학기술 분야가 선진국 수준에 이를 수 있다는 기대는 잘못된 것이다. 따라서 선진국을 따라 잡을 수 있고, 많은 국부를 창출할 수 있는 분야를 선정해 집중 투자하고 효율의 극대화를 노리는 치밀한 전략이 필요하다. 일선에 서 있는 필자를 비롯한 모든 기술개발 종사자들은 반성해야 한다. 연구를 위한 연구를 하지 않았는지, 자신의 능력과 성실성에 대한 반성 없이 '네 탓이오'의 회피형은 없었는지, 산업 현장에서 외면하는 보고서용 기술 개발은 없었는지 말이다.[9]

하지만 이와 같은 주장, 특히 언론에서 절대적인 영향력을 행사하는 과학자의 이런 주장은 전반적인 기초과학 발달에 악영향을 미칠 수도 있다. 가뜩이나 기초과학에 대한 정부 투자가 적은 것이 현실이다. 과기부와 한국과학기술기획평가원의 '2001년도 국가연구개발 투자 분석 결과'에 따르면 우리나라는 산업개발진흥을 위한 투자에 비해 기초연구에 해당하는 '전반적 지식 증진' 투자가 적은 것으로 조사됐다. 총국가연구개발비 중 산업개발부문에 1조 4천 255억 원(31.5%)이 투자되었으며, 기초과학 부문에는 9천 453억 원(20.9%)에 그친 것으로 나타났다. 이것은 미국, 일본, 서유럽 등 과학기술 선진국들이 기초과학 분야에 집중 투자하고 있는 것과 매우 대조적이다. 미국은 국방·보건에 전체의 72.6%, 일본은 기초과학(49.5%)·에너지(19.1%) 분야에 68.6%를 집중 투자하고 있다.[10]

전반적인 과학의 기초가 튼튼해야 기술 개발이 가능하다. 많은 시행착오 끝에 어쩌다 성공을 거두더라도 기초과학이 결여된 기술 개발은 앞선 지적처럼 해보니까 되더라는 식의 보고로 끝날 수밖에 없다. 다음과 같은 지적은 특히 체세포 복제를 연구하는 과학자들이 염두에 두어야 할 사항이다.

> 관련 연구 분야에서 우리나라의 구체적인 기술 수준이 어디에 위치하고 있는지를 보여주어야 한다. 그러나 일반인들이 접한 체세포 복제에 대한 한국의 경쟁력은 복제된 소나 돼지의 사진, 연구당사자의 주장이 거의 전부라고 할 수 있다. 일반적으로 과학적 성과는 동료 심사를 거친 논문으로 평가받는다. 대부분의 언론들은 외국 학자들의 연구성과를 소개할 때 어느 논문에 실려서 어떤 평가를 받았는지를 구체적으로 지적한다. 이와 같은 잣대가 국내 학자들에게도 그대로 적용되어야 '국제경쟁력 약화 주장'이 더욱 설득력을 얻을 수 있을 것이다. 특허도 마찬가지이다. 이미 체세포 복제에 대한 특허를 가지고 있는 영국이나 미국 회사들에 비해 우리가 어떤 경쟁력을 가지고 있는지도 구체적으로 평가되고 제시되어야 할 것이다.[11]

일간신문에 나타난 배아복제 관련 보도 분석에 관한 최근의 연구에 의하면 황우석 교수는 총 647건의 기고·인용 중 89건이나 차지하여 가장 많이 기고하거나 인용된 과학자로 나타났다.[12]

그만큼 언론에 대한 그의 영향력은 크다. 광우병이 한참 기승을 부리던 2001년 2월에 황우석 교수는 광우병 없는 송아지를 연구한지 2년이 경과했으며, 앞으로 3년에서 5년 이내에 광우병 내성을 지닌 소를 개발할 수 있다고 주장했다. 그해 12월 과학기술부는 광우병 내성을 지닌 소 개발 책임자로 황우석 교수를 선정했다.[13]

이와 같은 사례는 공공정책 담당자가 연구비 지원에 있어서 언론의 위력에서 자유로울 수 없다는 점을 잘 보여준다. 그리고 2003년 12월에는 앞서 말한 바와 같이 황우석 교수는 언론을 통해 자신의 연구 결과를 발표하기에 이른다. 과학적 성과를 논문보다 언론에 성급하게 보도한 것은 연구 업적을 정치적으로 이용하는 것 아니냐는 일부의 비판에 대해 그는 다음과 같은 반론을 펼친다.

> 저 역시 『네이처』나 『사이언스』 등에 논문을 먼저 게재하길 원하고 언론엔 나중에 공개되길 원합니다. 그러나 복제 연구는 속성상 비밀을 유지하기가 매우 어렵습니다. 안타깝지만 우리나라엔 대리모를 양산할 수 있는 대규모 농장이 없습니다. 번식력이 뛰어난 종 가운데 발정기가 시작된지 7일째 되는 것만 복제 동물을 낳을 수 있는 대리모로 선발합니다. 그러

려면 최소한 5천 마리의 소나 돼지의 모집단이 필요합니다. 그러다 보니 경기도와 강원도 일대 40여 개 농가에 분산해 대리모를 키울 수밖에 없습니다. 이 과정에서 농민들이나 기자들에게 새나갈 수밖에 없는 것이지요. 결국 특허만 출원한 채 논문 게재를 포기하고 언론에 공개하게 된 것입니다.[14]

하지만 기자회견과 보도자료를 통하여 연구 결과를 발표할 경우에는 매우 곤란한 문제가 야기될 수 있다. 기자회견이나 보도자료의 주요한 문제점은 과학자들이 다른 연구자들에 의한 결과의 재확인없이 언론에 결과를 보도할 수 있다는 것이다. 추후 결과가 잘못되거나 과장된 것으로 밝혀질 경우 과학의 이미지는 실추된다. 그것은 과학의 입지를 스스로 좁히고 과학에 대한 대중의 믿음을 훼손하게 될 것이라는 지적도 있다.[16]

대부분의 사람들은 TV, 라디오, 신문, 잡지와 같은 언론매체를 통해 과학분야의 정보나 논쟁을 접하게 되는데, 생명공학에 대한 정보 또한 매스미디어에 의존하는 비율이 매우 높다. 이는 생명공학이 일상적인 주제가 아니기 때문에 이웃간의 논의가 활발할 수 없고, 따라서 상대적으로 매스미디어의 비중이 높을 수밖에 없기 때문이다. 대중들은 접하게 되는 기사의 방향성에 따라 생명공학에 대한 양적, 질적으로 다른 정보를 갖게 될 가능성이 크다. 대중들은 생명공학의 이익과 위험성을 판단할 때, 과학자를 가장 많이 신뢰하는 것으로 나타났는데, 그 이유는 과학자만이 보건 및 환경에 대한 잠재적 위험에 대해 기술적인 판단을 내릴

수 있으며, 전문지식을 가지고 있는 과학자들이 자기통제를 할 수 있다고 생각하기 때문이다.[16]

한편으로는 언론에 과학, 특히 생명공학 영역을 담당하는 전문기자가 거의 없기 못하기 때문에, 이에 관한 지식을 소수의 외부 전문가에게 기대게 되어 편향적인 시각을 대중에게 전달할 위험성을 가지고 있다.

최근 신문의 기고·인용 내용을 중심으로 한 배아복제 기사를 네 가지의 보도 성향으로 나누어 분석한 결과, 기고·인용자에 따라 서로 다른 의견을 제시하는 것으로 나타났다.[17]

대학 소속 과학자들은 생명공학이 계속 발전해야 한다는 당위성과 법적인 정비가 이루어져 마음껏 배아복제를 연구할 분위기가 되어야 한다는 점을 주로 강조하였다. 연구소 소속 과학자들은 생명공학 발전을 최우선으로 생각하는 것으로 나타났으며, 그 다음으로 법적 정비를 강조했다. 이들은 대학 과학자들과는 달리 생명윤리를 등한시하는 것으로 나타났다.

과학자 중에도 특히 특정한 두 사람의 의견이 전체 기고·인용자의 23%를 차지할 정도로 주로 언급되었는데, 이들은 배아복제를 수행한 적이 있거나 수행하고 있는 과학자이다. 이들의 언급 사례가 높다는 것은 전체 신문기사의 성향이 윤리를 강조하기보다 생명공학 발전과 법적 정비를 강조하여 배아복제를 옹호하는 쪽으로 기사가 작성될 가능성이 많다는 것을 나타낸다.

김동광은 "생명윤리 및 안전에 관한 법률안" 입법 예고를 둘러싼 언론 보도의 문제점을 "유명인사가 된 일부 과학자들의 견해나 발언에 과도하게 의존하면서 우리 사회의 다양한 관점을 드러내는데 실패했고, 결과적으로 일부 과학자들의 주장을 일방적으로 소개하는데 그쳤다. 보통 사람들의 견해를 이끌어내서 사회적 논의를 활성화하는데 실패한 것은 물론, 복수의 전문적 견해를 제시하는 형평성마저도 제대로 견지하지 못했다."라고 정보원의 협소성과 편향성을 지적하기도 했다.[18]

고양이에게 생선을?

2002년 6월 "인체를 대상으로 한 연구의 법적·윤리적 측면"이라는 주제의 워크샵에서 21세기 프론티어사업 세포응용연구사업단장 문신용 교수는 우리나라의 줄기세포 연구가 취해야 할 네 가지의 방향을 밝혔다.

첫째, 치료적 복제 연구는 하지 않는다. 즉, 연구용 배아복제 생산을 불허한다. 둘째, 배아줄기세포 연구를 위해 현재 보관중인 잔여 냉동 배아만을 사용한다. 이는 불임클리닉에서 얻은 신선 배아를 연구에 사용하지 않을 것임을 의미한다. 셋째, 불임클리닉 종사자와 배아줄기세포 연구자를 분리함으로써 임상가와 연구자간 이해의 상충 문제를 피하도록 한다. 넷째, 인간과 동물간의 종간교잡을 하는 인간배아복제 연구는 일절 하지 않는다.

하지만 2002년 10월 복지부 주최로 공청회가 열렸을 때 그는 그런 법으로 인해 우리나라 생명공학의 발전이 더뎌질 것을 우려하여 연구를 허용하라고 주장하며 6월의 발언을 뒤집었다. 그리고 다음달 한국과학기술한림원이 그해 11월 서울 과학기술회관 대강당에서 "생명윤리, 과학, 그리고 법, 발전이냐 규제냐"를 주제로 개최한 한림원탁토론회에서 문신용 교수는 "체세포핵 이식술에 의한 인간배아복제는 인간의 난자를 사용한다는 점을 제외하면 윤리적 문제가 없는 것으로 생각한다"며 "윤리적 과학적인 고려를 통해 난치병 치료를 위해서 인간배아 줄기세포를 충분히 활용할 수 있게 되기를 기대한다"고 주장했다.[19]

이처럼 때에 따라서 과학자의 생명윤리에 대한 입장은 달라질 수 있다. 하지만 과학자들은 생명윤리를 자신들에게 맡겨달라는 주장을 한다.

순수학문 연구의 자유가 침해받아서는 안된다는 주장과 생명 현상은 인간이 절대 손대서는 안되는 신성한 영역이라는 신념이 서로 대립하고 있는 가운데, 이성적 판단과 합리적 결정을 못 내리고 있는 상황이다.

그렇다면 이러한 대립을 완화시키고 중용의 미덕을 살리는 좋은 방안은 없는 것인가? 우선 과학자들은 과학기술의 현주소와 지향점을 시민사회에 정확하고 쉽게 알리는 사회적 소명을 다해야 한다.

동시에 자체적인 생명윤리 강령을 정하여 자발적으로 지켜 나가는 실천 의지와 노력을 보여야 한다. 그러한 바탕 위에 종교계나 시민단체도 생명과학계를 신뢰하고 그 가치를 인정해 준다면 어떨까? 현미경을 들여다보고 데이터를 분석하는 것이 생활의 전부인 우리 과학자들이 비록 세상에 대한 시야는 좁을지 몰라도, 난치병 치료와 정복이라는 순수한 목표와 정신은 다들 지니고 있다.

　우리 사회가 이 정도의 실천과 서로간의 신뢰도 없다면, 21세기 생명공학 강국의 꿈은 남의 나라 얘기로 그치게 될 것이다.[20]

때에 따라서 윤리적 입장이 달라지는 사람들에게 윤리적인 잣대를 만들라고 내버려 둘 수는 없다. 결국 생명공학자가 이야기하는 윤리의 내용은 무엇인가? 인간복제를 제외한 모든 연구를 자유롭게 할 수 있도록 연구자 자신에게 맡겨야 한다는 것이다.

한편으로는 "생명 복제 기술은 사회구성원의 지지 없이는 발전할 수 없다"던 생명공학자가 "시민단체나 종교계에서도 국가와 국민의 미래를 생각하여 (생명윤리법 제정시) 조금만 양보해주기 바란다. 대신 과학계는 윤리무장을 더욱 공고히 해 투명한 자세로 연구에 임해야 되겠다."고 말한다.[22]

생명윤리법을 생명공학자 스스로 만들겠다는 것이다. 이는 위험천만한 일이다. 생명 현상을 다루는 과학자들은 윤리적으로 철저하게 무장되어 있어야 하는데, 이제껏 우리 과학자들은 그런 훈련을 받지 못했고 지금도 의학과를 제외하고는 그런 과목을 개설한 생명 관련 학과가 없다. 또한 생명과학자들은 발전 논리만을 내세워 경쟁력 있는 생명공학 기술을 획득해야 한다고 하며, 무제한적인 연구의 자유를 주장한다. 애당초 그들은 14일 이내의 배아만을 연구용으로 사용하겠다고 밝혔다가 이제는 느닷없이 이종간 교잡을 허용하라고 주장하고 나섰다. 이유는 모두 질병 치료에 도움이 된다는 것이다. 그러나 인간의 역사 동안 질병으로 인한 인간의 고통은 끝이 없을 것이다. 오늘은 줄기세포를 필요로 하지만 내일은 배아 및 태아의 장기를 요구하게 될지도 모른다. 최근의 동물 연구가 이러한 예측을 뒷받침하고 있다.[22]

생명과학자들은 생명윤리법 시안에 대해 "법안이 너무 앞서가고 있다"고 지적하면서 "독일, 프랑스 등에서는 체세포 복제를 엄격하게 통제하고 있으나 미국, 일본 등에서는 아직 생명윤리 관련법 제정을 미룬 채 연구가 진행 중이고, 영국, 이스라엘, 스웨덴, 중국 등에서는 국가에서 지원 육성하고 있는 실정"이라면서 "시급한 인간개체복제는 법으로 금지하되 그 외의 쟁점 사항은 국제적인 입법 흐름과 기술 개발 추세를 지켜본 뒤 2~3년 후에 제한 여부를 결정해도 늦지 않다"고 밝히기도 했다.[23]

과학자들이 주장하는 생명윤리강령이란 과학자들의 공동체에 의해 마련된 윤리강령을 의미할 것이다. 하지만 과학자들은 이런 금기를 여러 번 어겼다는 혐의를 받고 있다. 1998년 12월 모 의료원의 인간배아복제 실험 사건, 2000년 8월 인간 체세포를 이용한 배반포기 배아 배양 성공, 2002년 3월 소 난자에 사람 체세포핵을 이식한 이종간 배아복제 등 국내에서도 과학공동체의 인간배아복제 연구 중단 요청을 위반한 사례가 많다. 최근에도 생명윤리

법이 통과하기 전에 일단 저질러놓고 보자는 식으로 이종 교잡을 강행한 사례가 있다.[24]

이처럼 과학자들은 사회에서 합의된 금기영역을 지키기보다는 이것을 뛰어넘어 자신의 욕구를 충족시키려는 강한 욕망을 가지고 있다. 인간배아복제를 금지하는 사회적 여론이 한참이던 2001년 미국 캘리포니아대학의 로저 피터슨 교수는 미국에서는 인간배아 연구에 대한 적대적 분위기가 심하다면서 아예 자리를 영국 캠브리지대학으로 옮겨버렸다.[25]

공개적인 지지 아래서 인간배아 줄기세포에 대한 연구를 실행하고 싶었기 때문이다. 영국은 수정 후 14일 이내의 인간배아를 연구하는 것을 허용하고 있으며 배아를 발생 도중에 파괴해야 하는 피터슨 교수의 연구를 공개적으로 지지했다. 그러나 미국 정부는 인간배아를 파괴, 훼손하는 연구에 대한 자금 지원을 금지하고 있으며, 이 금지조치를 영구화하는 방안을 검토하고 있다.

우리나라도 이런 움직임에서 자유롭지 않다. 2002년 인간개체 복제는 완전히 금지하고, 배아 연구는 임신 목적의 배아 중에서 폐기되는 잔여 배아에 한해서 허용하며, 체세포 복제와 이종간 핵이식 연구는 국가생명윤리자문위원회의 심의를 거쳐 허용 여부를 결정하며, 단 진행 중인 체세포 복제 연구는 보건복지부 장관의 승인을 얻어 일정 기간 동안만 허용하기로 하는 등 결론적으로 인간을 복제할 수 있는 어떠한 연구도 허용하지 않고, 치료용 복제 기술도 엄격한 허가제를 통해 관리하겠다는 내용의 '생명윤리 및 안전에 관한 법률안'이 정부입법안으로 확정되었다.

그러자 한 생명공학자는 "규제 덜한 나라로 떠나고 싶다. 연구 내용 하나하나를 검열 받아야 하는데 누가 한국에서 연구하겠느냐."고 말했다. 연구비 중단을 우려해 일찌감치 해외 진출을 검토하는 연구자들도 생겨났다. 이미 냉동 배아를 이용해 줄기세포 연구를 진행하고 있는 모 연구원도 "법안이 그대로 확정된다면 체세포 복제 연구를 허용하는 나라로 떠나는 연구원도 조만간 생겨날 것"이라며 "원칙적으로 모든 연구를 금지해놓고 선별적으로 연구를 허용하는데 과연 그 빗장이 풀리기를 기다리는 과학자가 몇 명이나 되겠느냐"고 반문했다.[26]

과학자들은 양심에 따라 자유롭게 연구할 수 있도록 생명윤리법의 내용을 고쳐야 한다고 주장하는데, 여기에는 재계의 이익과 맞아떨어지는 측면이 있다. 생명공학계가 제기하는 주장은 거의 일관된다. 한마디로 요약하자면 윤리를 지나치게 강조하면 생명공학 연구가 위축하게 되고 이는 생명산업 발전을 저해하여 전반적으로 국가경쟁력이 약화된다는 주장이다. 이것은 과학기술부, 재계, 그리고 대부분의 언론이 공명하는 주장이다.

여기에서 핵심축은 국가경쟁력 강화와 불치병 및 질병 치료이다. 공청회 때마다 반복되는 이야기이지만, 미래에는 생명공학 연구가 유일한 대안이며 지나친 윤리적 규제는 연구와 산업을 모두 약화시킨다는 것이다. 그리고 이 논란에서 윤리는 항상 최소한으로 축소되어야 하는 무엇이라는 것이다.[27]

서울대학교 생명과학부 최재천 교수는 "생명체는 DNA를 담고 있는 그릇에 불과하다"는 도킨스의 설명을 반복하는 주장을 하면서, "개인적으로는 배아 연구를 하지 않았으면 하는 바람이다. 차라리 배아복제 기술을 몰랐다면 좋았을 것이다. 하지만 '판도라의 상자'는 이미 열렸고, 더 많은 '판도라의 상자'들이 앞으로 열릴 것이다. 자물쇠만 잠근다고 될 일이 아니다. 우리 시간만 늦춰질 뿐이다. 윤리적으로는 가슴 아픈 부분도 있겠지만, 연구는 계속되어야 한다."는 내용의 글을 쓴 적이 있다.

그는 또 복제인간의 출현 가능성을 토론하는 자리에서 "또한 복제인간이 나타나서 우리 주변에 함께 사는 게 그렇게도 끔찍한 일일까? 성공 확률은 여전히 낮지만, 복제인간은 결국 자신의 귓불을 뜯어서 만든, '유전자가 같은 일란성 쌍둥이 동생'이 태어나는 것과 다를 바 없다. 유전자가 같아도 환경과 사회적 여건 등이 다르기에, 그는 나와는 다른 사람이 될 것이다. 영혼은 복제되지 않기 때문이다. 복제인간을 창조하지 않았으면 하는 게 바람이지만, 복제인간을 두려워할 근본적인 이유도 없다. 그들은 또 다른 인간다움을 찾아낼 것이다."라고 토로했다.[28]

이처럼 자신이 가지고 있는 순수한 생물학적인 입장을 앞세워 생명공학의 부정적인 측면에 대해서 유보적이거나 무비판적인 태도를 취하는 것은 대중이 생명공학을 올바르게 판단하지 못하게 할 수 있다.

다른 위험성도 존재한다. 지난 2002년 3월 20일 한림대 인문학연구소가 전국 성인 5,387명을 대상으로 실시해 발표한 설문조사 결과를 보면 시민의 49%는 14일 이전의 초기 배아라도 잠재적 인간 존재로서 특수한 지위를 지닌다고 보고 있다. 수정된 순간부터 완전한 인간의 지위가 부여된다는 의견도 41.3%에 달해 14일 이전의 초기 배아는 아직 개체로서의 인간이 아니기 때문에 실험 대상이 될 수 있다는 일부 과학자들의 주장에 동조하지 않았다. 또한 시민의 76.9%는 난치병 치료를 위한 배아 연구도 반대한 데 비해 과학자들은 16.7%가 "허용할 수 있다", 56.8%가 "극히 제한적으로만 허용해야 한다"라고 밝혀 과학자들은 배아 연구의 실용적 측면에 더 주목하는 것으로 드러났다.[29]

이처럼 일부 과학자들이 일반 대중에 비해서 윤리의식이 희박하다는 사실은 장기적으로 과학자들의 의견이 일반 대중의 신뢰를 상실하거나, 정책 결정에서 배제될 수 있음을 보여준다.

제9장

반성적인 과학을 기대한다

기초과학과 응용과학
생명윤리 교육이 필요하다
의사 소통

제9장
반성적인 과학을 기대한다

기초과학과 응용과학

1956년 케이프 코드의 우즈홀 해양생물연구소의 전염병 전문가인 프레데릭 뱅Frederick Bang은 감염된 투구게의 상처난 부위에서 푸른 색의 젤라틴과 같은 물질을 발견했다. 이 개체에서 세균을 분리하여 건강한 게에게 접종한 결과 곧 병에 걸렸다. 투구게가 감염되어서도 오랫동안 버틸 수 있었던 것은 아마도 세균 감염에 대항하는 면역성을 가지고 있었기 때문이었을 것이다. 그 게 안에 들어 있었던 감염성 세균은 많은 종류의 생물체에 질병을 유발하는 그람음성 세균이었다. 그람음성 세균은 자신의 세포벽에 내독소라고 불리는 물질을 가지고 있다. 내독소는 사람의 면역계를 자극하여 발열, 통증, 쇼크를 일으킨다. 그 게에서는 그람음성 세균이 존재할 때 혈액 응고가 일어났다.

뱅은 응집반응의 원인을 설명하기 위하여 다음과 같은 가설을 설정하였다. "만약 그람음성 세균이 존재할 때의 반응으로 푸른 혈액이 응고했다면 보호의 역할을 하는 혈액세포의 활동 같은 면역계가 활동했다는 증거가 있을 것이다." 잭 레빈Jack Levin이라는 젊은 혈액전문가의 도움으로 뱅은 혈액성분을 어렵게 분리하였고, 마침내 내독소와 접촉하여 응고를 유발하는 아메보사이트amebocyte라는 세포에 들어 있는 단백질을 발견하였다. 뱅과 레빈은 아메보사이트들이 상처난 게의 감염부위로 이동하여 세균을 죽인다는 사실을 발견하였다. 몇 년에 걸쳐 우즈홀 해양연구소에서 뱅과 레빈 등은 응고를 일으키는 단백질을 정제하는 방법을 개발하였다. 그들은 또한 *Limulus amebocyte lysate*, 또는 줄여서 LAL이라고 하는 게혈액 추출물을 분리하였다(*Limulus*는 투구게를 말하며, lysate는 깨진 세포의 내용물을 지칭한다).

우즈홀의 다른 과학자 스탠리 왓슨Stanly Watson은 LAL이 그람음성 세균 감염의 존재 여부를 알려줄 수 있을 것이라고 생각하였다. 왓슨의 LAL 시험은 열병에 걸리는지의 여부를 알기 위해 토끼를 사용하는 기준시험을 바꿀 수 있었다. 그러나 여전히 식품의약품안전국FDA과 제약회사들은 1976년이 될 때까지 계속 의심을 하고 있었다. 그 해 미국 전역은 돼지 인플루엔자가 창궐하여 많은 사람이 백신을 맞았으나 불행히도 수백 명의 사람들이 백신으로 인하여 목숨을 잃었다. 왓슨은 LAL 시험을 통하여 오염된 세균의 내독소가 백신에 들어 있다는 것을 찾아내어 돼지 인풀루엔자 백신으로 인한 사망 원인을 결국 밝혀냈다. 1977년 FDA는 LAL 시험을 승인하였다. 이것은 즉시 주사약과 의료기구의 검사를 위한 기준시험으로 채택되었다. 오늘날 생물학자들은 패혈증 쇼크, 독성 쇼크 현상, 그리고 척추수막염 같은 질병의 증상을 일으키는 사람 면역계의 생화학물질을 연구하고 분리하기 위해 LAL 시험을 사용한다. 이 연구는 약 40년전 해변을 걷다가 시작되었지만, 과학자들은 아직도 과학적으로 발견할 것이 많이 있다고 생각하며 찾아내지 못한 응용분야의 가능성을 탐색중이다.[1]

위 이야기는 전혀 상관이 없는 것처럼 생각되는 기초생명과학 연구가 응용과학에 이용된 사례 중 하나이다. 이처럼 현재의 기초 연구가 뜻밖의 방식으로 내일의 응용 연구를 창출할 가능성은 언제나 있다.

생명과학은 원래 생명체의 구조와 생명 현상을 이해하려는 기초과학이라는 의미로 사용되었다. 하지만 우리나라에서는 언제부터인지 생명과학이라는 용어가 순수한 학문 분야와 산업화가 연계된 생명과학 기술, 즉 생명공학을 아울러 지칭하는데 사용되고 있다. 그래서 현재는 순수한 생물 연구 분야를 다루는 생물학, 생물과학보다는 생명과학이라는 말을 선호하고 있으며, 이는 부분적으로 생명공학의 의미를 함축하고 있다. 하지만 개념적으로는 생물과학과 생명공학을 구분할 수 있다고 해도, 현재 두 가지 학문 분야의 상호작용이 본격화되면서 "생명과학"이라는 용어가

흔히 사용되고 있다.

  기초 분야를 연구하는 생물과학 분야도 언제 그것이 기술에 사용될지 모르기 때문에 이 두 가지 용어를 구분해서 사용하는 것은 부정확하거나 불가능할지도 모른다. 생명과학자들은 대학뿐만 아니라 기업체에서도 활동하고 있기 때문에 공간적으로 생명과학 활동의 영역을 나누기가 어렵다. 인간게놈프로젝트처럼 어떤 경우에는 동일한 주제를 대학 과학자와 기업체 과학자가 서로 협동해서 탐구하기도 한다. 그리고 실험실에서 얻은 기초 기술은 곧 생산 현장에서 실용화되거나, 장래 산업화하기 위해서 특허로 연결되는 수가 허다하다. 그렇기 때문에 과학자들이 자신의 임무는 오로지 순수하게 과학을 탐구하는 데 있다고 주장하거나, 과학이 중립적이라는 점을 강조하는 것은 자신의 연구가 가져올 결과에 대해 책임을 지지 않겠다는 무책임한 태도로 비쳐질 수 있다. 과학자가 비도덕적 태도를 취하는 것은 받아들일 수 없으며 심지어 부도덕한 일인데, 왜냐하면 그것은 자신의 행위가 낳은 결과에 대하여 정당한 책임을 지지 않겠다는 것이기 때문이다.[2]

생명윤리 교육이 필요하다

  18세기를 물리학의 세기, 19세기를 화학의 세기라 한다면 20세기는 생물학의 시대라고 할 만하다. 특히 20세기 후반에 이르러

분자생물학의 등장과 함께 생명과학은 눈부시게 발전하였다. 오늘날 생명과학은 번성하고 있는 학문 분야이다. 유전학, 세포생물학 등 기초 학문 분야뿐만 아니라 의학, 농학 등 응용과학 분야에서 놀랄 만한 연구 성과들이 연일 쏟아져 나오고 있다. 생명과학에 특별한 관심이 없는 사람이라도 생명과학의 연구 성과에 대한 보도가 신문이나 방송의 주요 부문을 차지하고 있다는 것을 알 수 있다. 체세포 복제를 이용한 우량품종의 가축 생산, 사람에게 이식하기 위해 유전자를 조작한 장기용 가축 생산, 더 나아가 치료 및 생식을 위한 인간복제, 난치병의 조기 발견 및 치료를 가능하게 하는 인간게놈프로젝트에 의한 유전자 정보의 공개 등이 가능해졌다. 해충이나 자연 재해에 대한 저항성이 뛰어나거나 영양학적으로 우수한 유전자 변형 작물들이 인류의 식량 문제 해결을 내세우고 있다. 생명과학의 발전에 따른 유토피아를 우리는 꿈꾸고 있는 것이다.

하지만 모든 사람이 전부 이같은 장밋빛 전망을 하고 있는 것은 아니다. 2002년 말 전세계를 경악케 했던 체세포 복제를 통한 복제인간의 출생설에서 사람들은 헉슬리의 '멋진 신세계'를 연상하고는 몸서리를 쳤다. 인간게놈프로젝트에 따른 유전 정보의 유출로 비롯될 수 있는 개인적인 차별과 불평등한 대우, 유전자 변형 작물로 말미암은 생태계 파괴 및 농업의 거대 기업 예속화 등 앞으로 닥쳐올 불안한 디스토피아에 대해 우리는 전전긍긍하고 있기도 하다.

이처럼 생명과학은 인간 사회에 긍정적인 영향을 미칠 수도 있는 반면, 사회적으로 파장을 불러일으킬 수도 있는 것이다. 이것은 기술적으로 실행 가능하더라도 장기적 효과를 알 수 없다는 불확실성과 그것을 확실히 통제할 수 없다는 무능력에서 비롯된다. 하지만 우리 사회가 과학기술을 기반으로 해서 발전하고 있는 사회이기 때문에 위험하다고 해서 과학기술을 무조건 도외시할 수만은 없다는데 문제의 핵심이 있다. 또한 과학기술이 야기하는 문제점은 공개된 과학기술 정보를 바탕으로 하는 사회적 장치로 해결해야 한다.

생명과학자는 일반인들과는 달리 생명과학에 대한 전문적인 지식을 가지고 있으며, 앞으로도 과학적 지식에 관한 한 계속 우월한 위치에 있을 확률이 높다. 따라서 생명공학자들은 자신이 가진 전문지식을 가지고 잠재적인 위험성과 이익을 평가할 때 가능한 한 공정하고 평형을 유지해야 할 윤리적인 의무가 있다. 더욱이 생명과학이 제기하는 새로운 양상의 윤리적 문제에 효과적으로 대처하기 위해서 과학자들은 인간, 사회, 생태계라는 커다란 맥락 안에서 자신의 연구를 반성적으로 평가할 수 있는 기본적 태도와 능력을 함양해야 한다.

우리는 최근 배아복제 등과 같이 논란이 심한 생명공학 분야를 둘러싸고 인문사회과학 계열의 학자와 생명과학자 사이에 엄청난 시각차가 존재하는 것을 알 수 있었다. 이같은 간극을 메우고 과학기술이 합리적인 위기 해결 능력을 갖추기 위해서라도 과학자들에 대한 윤리 교육은 필수적인 것처럼 보인다. 시민패널들은 생명복제기술합의회의에서 과학자의 생명윤리 교육의 필요성과 방안을 다음과 같이 역설했다.

우리 시민들은 과학기술에 우리 시대가 안고 있는 문제의 많은 부분을 의지한다. 그런데 과학자를 양성하는 학교나 기관에서는 이들 과학자의 윤리 의식에 침묵하고 있다. 합의회의 동안 우리는 이런 문제가 우리 사회의 구조적 문제임을 인식하게 되었다. 따라서 최소한 다음과 같은 윤리 교육들은 선행되어야 한다고 생각한다.

첫째, 생명을 다루는 모든 학과에 생명 윤리 관련 과목을 교양과목이 아니라 전공필수로 바꾸어야 한다. 또한 과학자 자격시험에도 이들 과목이 선정되어야 한다.

둘째, 과학자의 연구비 중 일정 부분을 생명윤리를 위한 교육에 투자해야 한다. 특히 생명윤리를 담당할 교수진과 교육 자제의 확보는 시급하다고 판단된다.

셋째, 과학자들은 그들의 연구 활동 중에도 지속적인 생명 윤리 교육의 기회를 가져야 한다

넷째, 과학자들은 그들의 전문성으로 말미암아, 그들만이 알게 되는 중요한 윤리적 사안을 공개적으로 밝혀 토의할 수 있도록 해야 한다.

다섯째, 과학자들 스스로 자신의 윤리성을 평가할 수 있는 단체나 모임을 만들어야 한다고 여기며, 이들 단체에서는 민감한 윤리적 사안들에 대해 과학자 스스로 제재할 수 있어야 한다.

국내의 과학자들에 대한 생명 윤리의 교육 현황은 국제 수준과 비교할 때 상대적으로 낮지만, 생명 복제와 관련한 기술 수준은 세계적이라 들었다. 우리는 이런 격차가 조속히 타개되기를 희망하며, 이런 모순을 극복하려는 시민과 과학자의 노력만이 과학자 집단에 대한 시민들의 우려를 불식시킬 것이라 생각한다.[3]

2001년 국가과학기술자문회의에 제출한 〈생명과학 관련 연구 윤리 확립 방안에 관한 연구〉에서도 연세대학교 철학연구소의 고인석 박사는 전문 과학 교육은 과학윤리 교육을 반드시 포함해야 한다고 주장하면서, 생명공학적 연구에 연루되는 사회적, 윤리적 문제들에 대한 예견과 판단을 위한 기본적인 능력은 일차적으로 과학윤리 교육을 통해 체득되고 훈련되어야 한다고 언급했다. 그리고 전문 과학 교육의 일환인 연구윤리 교육은 해당 분야의 과학 활동과 그 연구 성과의 직, 간접적 응용으로 인해 우리의 삶과 사회, 그리고 생태계에 초래되는 즉각적, 혹은 중·장기적 효과의 양상을 효율적으로 발견, 평가하는데 필요한 자세와 방법론을 습득하는 것이어야 한다고 주장했다.[4]

생명과학자들도 이런 윤리 교육이 필요하다는 데 공감한다. "자체적인 생명윤리강령을 정하여 자발적으로 지켜나가는 실천 의지와 노력을 보여야 한다." "생명윤리에 대한 교육을 강조해 과학자들의 자율적 통제가 이루어지도록 해야 한다." "적어도 생물 관련 기초학과나 응용 분야의 학과에서는 생명윤리학을 필수

과목으로 조속히 지정하여 한번쯤 생물학자들이 연구하는 분야가 어떤 윤리적 문제점을 안고 있는지 생각해볼 수 있는 기회를 만들어야 한다." 이것은 생명공학에 실제로 종사하고 있는 생명과학자들이 윤리 교육의 필요성에 대해 한 말이다. 그리고 생명과학 단체도 자체적으로 윤리위원회를 구성하여 회원들의 책임성을 제고할 수 있는 윤리 지침을 제공하는 활동을 벌이고 있다.

1998년 12월 경희의료원의 인간배아복제 사실이 발표된 직후, 대한의사협회는 인간배아복제 실험의 연구 배경과 제4세포기에서 중지한 이유, 홍보과정상의 문제점, 생명 복제 연구에 대한 의료계의 입장 등에 대해 이 의료원 연구자와 생명 복제 연구 전문가로 구성된 간담회를 개최하였다. 이 사실 조사 결과 나타난 가장 큰 문제점은 생명 복제 연구의 한계와 범위, 연구 절차의 투명성 확보 등이었다. 의협은 이런 문제점을 해결하기 위해 '생명 복제 연구 지침'을 발표했다.

또한 우리나라에서 생명 과학연구자들의 대표적인 학회라고 할 수 있는 한국분자생물학회는 2001년 11월, 의학자와 생물학자, 수의학자, 사회학자, 시민단체 대표 등으로 구성된 생명윤리위원회를 구성하고, 생명공학 실험에 대한 '윤리 원칙'을 채택하는 것과 동시에 연구의 목적과 범위, 방법 등에 대해 상세히 규정한 자체적인 연구 가이드라인 제정 작업에 착수했다.[5]

하지만 이처럼 자체적인 연구 지침이나 윤리 원칙이 이미 만들어졌거나 만들어져야 한다고 동의를 하더라도 과학자들은 이것을 잘 지키지 않는 경향이 있다. 뿐만 아니라 윤리적 논란을 일으킨 당사자들이 이러한 원칙을 만드는데 참여한다면, 윤리 원칙 자체가 생명공학의 발전을 일방적으로 옹호하는 과학기술계의 주장을 합리화하는 수단으로 전락할 위험이 있다.

생명과학자들 스스로 만든 자율적 규범을 과학자들조차 잘 지키지 않는다면, 법적 강제력을 갖는 생명윤리법의 제정이 타당할 것이다. 왜냐하면 연구를 하고 싶은 욕망은 생명과학자들의 판단을 흐리게 하고 어떤 규제라도 뛰어넘게 만들기 때문이다. 하지만 2003년 12월말 국회를 통과한 생명윤리 및 안전에 관한 법률안에서는 생명공학 연구를 위해 인간 생명의 존엄성이 유보된 측면이 많다. 법안은 통과되었지만 배아복제와 이종간 교잡 등 논란이 심한 연구분야에 대한 윤리적 책임이 모두 면제되는 것은 아니기 때문에 생명과학자의 윤리의식이 더욱 절실히 요청된다고 하겠다.

이해당사자들이 모두 과학자나 예비과학자에 대한 생명윤리 교육의 필요성을 공감하고는 있지만, 우리나라의 경우에는 과학기술 윤리 교육이 잘 이루어지지 않고 있다. 우리나라는 서구식 과학기술의 역사가 짧고 기술경쟁력에 대한 콤플렉스가 있는 것 같아 안타깝다. 생명윤리를 주장하는 동일한 과학자가 "싫든 좋든 판도라의 상자는 이미 열리기 시작했다. 우리도 이같은 연구에 참여해야 한다."며 생명윤리의 일시적 유보를 주장하기도 한다. 또한 오랜 기간 동안 경제 발전에 종속된 도구로 과학기술을 간주해 왔기 때문에 과학기술 활동의 사회적 측면에 대한 인식이 매우 낮은 것도 그런 이유 중의 하나이다.[6]

2001년 과학기술정책연구원 송성수 박사가 인터넷으로 교과목 정보를 검색하여 조사한 바에 의하면 90여 개 대학 중에서 과학기술 윤리에 관한 교과목이 개설된 있는 곳은 16개교에 불과하였다고 한다. 16개교 중 12개교가 환경 및 생명윤리 과목을 개설하고 있었는데, 그나마 미래의 과학자를 키워내는 과학 전공 교육에 연구윤리 관련 과목이 개설된 예는 없었다. 또한 생명윤리에 대한 조사 결과는 없지만, 우리나라의 의료윤리에 대한 정규 교육이 부족하다는 점은 현직 의사를 대상으로 "의대 재학 중 정규적인 의료윤리 교육을 받은 경험이 있는가"라고 질문한 결과 응답자의 28.3%만이 그렇다고 대답한 것에서도 확인할 수 있다. 생명윤리 과목이 대학에서 의료윤리에 비해 상대적으로 적게 개설되어 있다는 점을 감안하면 생명과학자들은 거의 생명윤리 교육을 받지 못한 것으로 추정된다.[7]

레스닉은 "과학자들이 과학 활동을 하는 동안의 특정 기준에 관한 교육을 받지 않는다면, 스스로 그것을 배우기는 어렵다"고 하면서 과학 교육 속에서의 윤리 교육의 중요성을 역설했다.[8]

울산의대 구영모 교수는 "우리 사회에 만연한 생명 경시 풍조를 감안할 때 생명윤리 교육의 필요성은 절실하며, 특히 생명공학을 전공하는 대학원생에 대한 생명윤리 교육은 시급하다. 정부와 학계는 우리 나라의 생명공학이 세계 몇 째임을 운운할 게 아니라 경쟁국의 생명윤리 교육 수준 및 내용을 벤치마킹하고 우리의 대책을 내놓아야 할 것이다"라고 주장했다.[9]

의사 소통

예전에는 과학 활동을 과학자의 고유한 영역이라고 생각해왔다. 그러나 구성주의 이론이 대두되면서 과학 활동은 직, 간접적으로 대중의 참여 없이는 이루어질 수 없다는 점을 인식하게 되었다. 일반 대중은 생명과학의 발전을 위해 공공자금이나 기부금을 제공하고 과학에 기반한 실용적인 기술과 공공정책으로 보답을 받는다. 대중은 과학의 육성자인 동시에 수혜자라고 할 수 있다. 일반적인 공공정책이 잘 수립되고 사회에 건전한 영향을 미치기 위해서는 정보가 충분히 제공되고 윤리적으로 민감한 대중의 의견이 반영되어야 한다. 하지만 이것을 실현시키는 데는 장애가 있다. 현재의 많은 윤리적인 논쟁은 극단적인 경우가 많다. 한쪽은 X가 가장 좋다고 하고 우리는 최대한 그것의 장점을 이용해야 한다고 주장한다. 다른 쪽은 X가 최악의 것이며 우리는 어떻게 해서라도 그것을 피해야 한다고 주장한다. 이런 식의 극단적인 주장만 제기하기보다는 시민들의 합의를 이끌어내는 방식으로 윤리적인 문제를 논의할 수 있는 장을 만드는 것이 중요하다. 우리들이 마주하는 문제는 슬로건의 형태로 다루기에는 너무도 복잡하기 때문이다.[10]

생명과학에 대한 합리적인 논쟁을 이끌어내기 위해서는 합의 회의와 같은 상당히 교육적인 프로그램이 필요할 것이다. 다만 이런 문제에 대해서 윤리적인 결론에 도달하기에는 다수의 사람들이 과학에 대한 기본적인 이해를 갖지 못한 것이 사실이다. 우리는 앞으로의 논쟁들이 과학적으로 더욱 잘 뒷받침되고 윤리적으로 또한 민감하게 되기를 바라야 한다. 그것을 위해서는 대중을 대상으로 한 과학 지식과 그 사회의 윤리적 함의에 대한 교육이 필수적이다.

합의회의에서는 사전 지식이 없이 모인 시민 토론자들이 예비 모임에서 관련 분야 전문가들을 초청해 생명과학에 관한 전문지식을 배우는 과정을 거친다. 이를 바탕으로 시민 토론자들은 내부 토론을 거쳐 본회의에서 중점으로 다룰 10여 개의 세부 항목을 작성하게 된다. 본회의에서는 전문가와의 토론과 내부토론을 집중적으로 벌인 뒤, 시민 토론자들이 '합의회의 최종보고서'를 작성해 공개하며 이는 정책에 반영된다. 만일 전문가들의 협조와 참여가 제대로 이루어진다면 과학기술을 대중화시키는 데도 커다란 진척이 있을 것이다.

김환석 교수는 〈우리나라 합의회의 추진과정에서 나타났던 문제점〉이라는 글에서 시민패널에게 다각도의 충실한 정보와 지식을 제공하여 시민패널이 바람직한 결론을 이끌어내도록 돕는 '정보제공자'인 전문가패널의 중요성을 강조하면서, 첫째, 주어진 질문에 자세히 답해줄 전문가패널을 구하기가 힘들었다는 점, 둘째, 유전자 조작 식품의 문제점을 지적하는 전문가들의 설명이 (찬성론에 비해) 너무 일반론에 치우친 점, 마지막으로 전문가들의 합의회의에 대한 진지한 이해나 열성이 대체로 떨어진다는 점을 지적했다. 그는 또한 국내의 과학기술자들이 시민운동에 참여하는 것은 학문적 자살 행위로 간주된다고 판단했다.[11]

과학자들이 처한 상황은 이처럼 간단치만은 않다. 과학자들은 자신의 의사와는 상관없이 사기업체나 정부가 미리 확정한 최대 이익이 예상되거나, 혹은 대중적 인기에 영합하는 (그래서 주식시장을 통한 회사의 자본금 조달과 과학 정책 지지 등 장기적인 이익을 보장해 줄 수 있는) 연구프로젝트에 참여하게 된다. 거대 다국적 기업이나 외국 정부의 프로젝트가 우리나라의 생명과학 발전 방향으로 주로 채택된다. 물론 이들 과정에서 산업공학계나 일부 힘있는 과학자들은 연구프로젝트의 방향에 충분한 영향을 미치기도 한다. 이들은 배아복제 논쟁 사례에서 볼 수 있듯이 법적 사회적 장치의 변화를 통하여 어떻게든 연구 여건을 개선하기 위한 노력을 기울이며, 경우에 따라서는 윤리적 고려는 접어두어도 상관없다고 생각한다. 생명과학자의 연구 과정과 결과는 산업체나 정부의 경쟁력 선점이라는 원칙에서 철저히 비밀에 부쳐지며, 이익을 창출하는 실험보다 위험성을 평가하는 실험이 축소되거나 왜곡된다. 과학자들의 연구결과도 이해관계라는 상황에 따라 전문잡지에 게재되고 다른 과학자들 사이에서 재해석될 가능성이 있음을 앞선 장을 통해서 알 수 있었다.

우리는 이미 여러 가지 사례를 통해서 내부고발을 한 생명과학자의 운명이 어떻게 되었는지를 보았다. 특정한 쟁점에 관한 내부고발 사례가 발생했을 때 과학계는 내부고발자를 보호하고 윤리위원회와 같은 제도적 장치를 통해서 공정하게 조사한 후 조치할 수 있어야 한다. 하지만 무엇보다도 내부고발자가 필요없게끔 과학자들의 의사가 연구 과제 선정부터 연구 결과의 적용에 이르

기까지 자율적으로 반영될 수 있는 사회적 토양이 마련되어야 할 것이다.[12]

생명과학에 대한 왜곡된 구조가 개선되고, 과학의 균형 있는 발전을 위해서 중요한 것은 타분야 학문인 인문사회과학 분야와의 대화와 상호 비판이다. 생명과학자 집단은 자신들의 분야 자체를 반성적 고찰의 대상으로 삼는 시각을 갖고 있지 않다. 전문분야는 고립되어 있지 않으며 이를 둘러싸고 있는 여러 전문분야와 서로 영향을 주고받는 관계이다. 이같은 상호작용은 학문의 균형적인 발전을 위해서도 필수적인 것이다. 이런 과정을 통하여 우리는 생명과학에 대한 객관적인 조망을 할 수 있다. 생명과학과 인문사회과학의 '만남'이란 생명과학이 발전하면서 비롯된 새로운 윤리적인 문제들을 과학 자체에 포함되지 않은 시각으로 해결하겠다는 뜻이다. 생명과학의 배경, 이론, 탐구 과정에 대한 메타적 시각, 그리고 과학 활동 및 연구 응용의 윤리적인 고려 등을 통해서 생명과학은 다면적으로 재해석되어야 한다.

유전자 변형 작물이나 인간배아복제 등에서 볼 수 있듯이 생명과학이 야기하는 문제는 자연과학에만 국한되는 문제가 아니며 윤리적, 법적, 사회적 의미를 함의하고 있다. 따라서 이런 문제에 대응하기 위해서는 다양한 전문가들의 참여가 필요하고 그들이 생각하는 방법도 필요하다. 또한 생명과학 이외의 전공자들이 생명과학을 객관적으로, 또는 다양한 각도로 바라볼 수 있기 위해서는 생명과학에 대한 기본적인 이해가 필요할 것이다. 이것을 위해서는 최소한도의 생명과학 전문 교육을 받은 인력들이 인문

사회과학 계통의 학문에 접근하는 것이 바람직하다. 최근 과학사, 과학철학, 과학윤리학 등 과학학과 관련된 협동과정이 여러 대학에서 개설 운용되고 있는 것은 고무적인 일이 아닐 수 없다.

  기존에 그와 같은 교육적 혜택을 받지 못한 생명과학자들도 반성적 시각에서 생명과학이 야기하는 문제를 능동적으로 바라보는 안목을 키워나갈 수 있도록 더욱 노력해야 할 것이다.

주(註)

제1장

1) 고혜선(편역). 1999. 마야인의 성서, 포폴 부. 문학과 지성사. pp. 120-122.
2) 멕시코의 토종 옥수수 오염과 관련된 이야기는 Kernel of truth (http://www.eastbayexpress.com/issues/2002-05-29/feature.html); Mexican maize madness (http://www.abc.net.au/science/slab/mexican-maize); The devil in the detail: the technical argument behind the Nature retraction(Pt 2 of Mexican maize madness) (http://ngin.tripod.com/050702.htm)을 주로 참조하여 재구성.
3) Rodemeyer M. Corn fight: Science suffers when the debate gets personal. *San Francisco Chronicle* (April 30, 2002).
4) Taba S. 1995. Current Activities of CIMMYT Maize Germplasm Bank, In The CIMMYT Maize Germplasm Bank: Genetic Resource Preservation, Regeneration, Maintenance and Use (Taba S, editor). Maize Program Special Report. CIMMYT, Mexico D.F. (http://www.farn.org.ar/grupoza-pallar/docs/pzap_ nadal.rtf).
5) Quist D, Chapela IH. 2001. Transgenic DNA introgressed into traditional maize landraces in Oaxaca, Mexico. *Nature* 414:541-543.
6) Kaplinsky N, Braun D, Lisch D, Hay A, Hake S, Freeling M. 2002. Maize transgene results in Mexico are artefacts. *Nature* 416:601-602.
7) Metz M, Fütterer J. 2002. Suspect evidence of transgenic contamination. *Nature* 416:600-601.
8) 토종 옥수수에 변형유전자가 침투했다는 논문에 대한 언론의 반응들은 Environmental Biofraud?(http://reason.com/rb/rb021202.shtml).
9) Hodgson J. 2002. Doubts linger over Mexican corn analysis. *Nature Biotechnology* 20:3-4.

10) 고종원. 외국 종묘업체들 국내 각축. 조선일보 (1998년 7월 20일, p. 23).
11) James C. 2003. Global hectarage of GM crops in 2002. *Crop Biotech Brief* 3(1):1-2.
12) 아프리카 빈국의 유전자 변형 작물에 대한 태도는 Better dead than GM-fed? The Economist 364:76. (September 21, 2000)를 참조.
13) 유전자 변형 작물의 이점에 대해서는 Miflin BJ. 2000. Crop biotechnology: Where now? *Plant Physiology* 123:17-27에 잘 요약되어 있다. 우리나라에서 발행된 유전자 변형작물을 옹호하고 있는 책으로는 농업생명공학기술 바로알기 협의회. 2002. 식탁 위의 생명공학. 푸른길이 있다.
14) 램튼 S, 스타우버 J. 2002. 돈으로 살 수 있는 최상의 과학. 김명진(역). 시민과학 35호 (2002년 3월).
15) Worthy K, Strohman RC, Billings PR. 2002. Conflicts around a study of Mexican crops. *Nature* 417:897.
16) Kaplinsky N. 2002. Conflicts around a study of Mexican crops. *Nature* 417:898; Metz M, Fütterer J. 2002. Conflicts around a study of Mexican crops. *Nature* 417:897-898.
17) Quist D, Chapela IH. 2002. Reply:Maize transgene results in Mexico are artefacts. *Nature* 416:601-602.
18) Campbell P. 2002. Editorial footnote. *Nature* 416:602.
19) 퀴스트와 차펠라에 대한 반박성명서의 내용과 서명한 과학자들의 명단은 AgBioWorld.org의 Joint statement in support of scientific discourse in Mexican GM maize scandal (http://www.agbioworld.org/jointstatement.html).
20) 인터넷 메일을 통한 퀴스트와 차펠라에 대한 음해는 Rowell, A. Anti-GM Scientists Face Widespread Assaults on Credibility

(http://www.greens.org/s-r/29/29-16.html).

제2장

1) 김명진. 2001. 대중과 과학기술. 잉걸. pp. 241-256.
2) Borlaug NE. 2000. Ending world hunger, the promise of biotechnology and the threat of antiscience zealotry. *Plant Physiology* 124:487-490.
3) Trewavas A. 1999. Gene flow and GM questions. *Trends in Plant Science* 4:339.
4) Clark EA, Lehman H. 2001. Assessment of GM crops in commercial agriculture. *Journal of Agricultural and Environmental Ethics* 14:3-28.
5) http://www.nature.com/nsu/990923/990923-3.html.
6) 이일하. 유전자 변형 농산물(GMO)은 안전한가? (www.kimwootae.com.ne.kr/read/gmofood.htm).
7) 허남혁. 2000. 유전자 조작을 둘러싼 담론. 위험한 미래. 권영근(편). 당대. pp. 50-86.
8) Mexican maize madness(http://www.abc.net.au/science/slab/mexican-maize).
9) 김명진. 푸스차이 박사 사건일지. 시민과학 9호 (1999년 8월).
10) 김환석. 1998. 우리나라 합의회의 추진과정에서 나타났던 문제점 (2). 시민과학 2호 (1998년 12월).
11) 아이디 D. 1997. 과학비평은 왜 안되는가? 김명진(역). 시민과학 10:27-30 및 11:22-26에서 재인용.
12) 장회익, 최영락, 송성수. 2001. 세계과학회의 후속조치를 위한 국내 과학기술활동의 점검. 과학기술정책연구원 · 유네스코한국위원회. pp. 155-171.

13) Losey JE, Rayor LS, Carter ME. 1999. Transgenic pollen harms monarch larvae. *Nature* 399:214.
14) Laura C, Jesse H, Obrycki JJ. 2000. Field deposition of Bt transgenic corn pollen: lethal effects on the monarch butterfly. *Oecologia* 125:241-248.
15) Felke M, Lorenz N, Langenbruch G-A. 2002. Laboratory studies on the effects of pollen from Bt-maize on larvae of some butterfly species. *Journal of Applied Enomology* 126:320-325.
16) Zangerl AR, McKenna D, Wraight CL, Carroll M, Ficarello P, Warner R, Berenbaum MR. 2001. Effects of exposure to event 176 *Bacillus thuringiensis* corn pollen on monarch and black swallowtail caterpillars under field conditions. *Proceedings of the National Academy of Sciences of the United States of America* 98:11908-11912.

Oberhauser KS, Prysby MD, Mattila HR, Stanley-Horn DE, Sears MK, Dively G, Olson E, Pleasants JM, Lam W-KF, Hellmich RL. 2001. Temporal and spatial overlap between monarch larvae and corn pollen. *Proceedings of the National Academy of Sciences of the United States of America* 98:11913-11918.

Pleasants JM, Hellmich RL, Dively GP, Sears MK, Stanley-Horn DE, Mattila H, Foster JE, Clark P, Jones GD. 2001. Corn pollen deposition on milkweeds in and near cornfields. Proceedings of the National Academy of Sciences of the United States of America 98: 11919-11924.

Hellmich RL, Siegfried BD, Sears MK, Stanley-Horn DE, Daniels MJ, Mattila HR, Spencer T, Bidne KG, Lewis LC. 2001. Monarch larvae sensitivity to *Bacillus thuringiensis*-purified proteins and pollen. *Proceedings of the National Academy of Sciences of the United States of America* 98:11925-11930.

Stanley-Horn DE, Dively GP, Hellmich RL, Mattila HR, Sears, MK, Rose R, Jesse LCH, Losey JE, Obrycki JJ, Lewis L. 2001. Assessing the impact of Cry1Ab-expressing corn pollen on monarch butterfly larvae in field studies. *Proceedings of the National Academy of Sciences of the United States of America* 98:11931-11936.

Sears MK, Hellmich RL, Stanley-Horn DE, Oberhauser KS, Pleasants JM, Mattila HR, Siegfried BD, Dively GP. 2001. Impact of Bt corn pollen on monarch butterfly populations: A risk assessment. *Proceedings of the National Academy of Sciences of the United States of America* 98:11937-11942.

17) Williams N. 2001. Butterfly effects. *Current Biology* 11:R898-R899.
18) Clarke T. Monarchs safe from Bt. *Nature Science Update* (September 12, 2001).
19) Mexican maize madness(http://www.abc.net.au/science/slab/mexican-maize).
20) 농업생명공학기술 바로알기 협의회. 2002. 식탁 위의 생명공학. pp. 12-13.
21) Borlaug NE. 2000. Ending world hunger, the promise of biotechnology and the threat of antiscience zealotry. *Plant Physiology* 124:487-490.
22) Sankaram A. Playing a genetic roulette. *The Hindu* (April 11, 2000).

제3장

1) Martens MA. 2000. Safety evaluation of genetically modified foods. *International archives of occupational and environmental health* 73:S14-S18.

2) Padgette SR, Taylor NB, Nida DL, Bailey MB, MacDonald J, Holden LR, Fuchs RL. 1996. The composition of glyphosate-tolerant soybean seeds is equivalent to that of conventional soybeans. *Journal of Nutrition* 126:702-716.

3) Harrison LA, Bailey MR, Naylor M, Ream J, Hammond B, Nida DL, Burnette B, Nickson TE, Mitsky T, Taylor ML, Fuchs RL, Padgette SR. 1996. The expressed protein in glyphosate-tolerance soybean, 5-enol-pryruvyl-shikimate-3-phosphate synthase from Agrobacterium sp. strain CP4, is rapidly digested in vitro and is not toxic to acutely gavaged mice. *Journal of Nutrition* 126:728-740.

4) Hammond BG, Vicini JL, Hartnell GF, Naylor MW, Knight CD, Robinson E, Fuchs RL, Padgette SR. 1996. The feeding value of soybeans fed to rats, poultry, catfish and dairy cattle is not altered by incorporation of glyphosate tolerance. *Journal of Nutrition* 126:717-727.

5) Aumaitre A, Aulrich K, Chesson A, Flachowsky G, Piva G. 2002. New feeds from genetically modified plants: substantial equivalence, nutritional equivalence, digestibility, and safety for animals and the food chain. *Livestock Production Science* 74:223-238.

6) Clark EA, Lehman H. 2001. Assessment of GM crops in commercial agriculture. *Journal of Agricultural and Environmental Ethics* 14: 3-28.

7) Pascalev A. 2003. You are what you eat: Genetically modified foods, integrity, and society. *Journal of Agricultural and Environmental Ethics* 16:583-594.

8) Pouteau S. 2000. Beyond substantial equivalence: ethical equivalence. *Journal of Agricultural and Environmental Ethics* 13:273-291.

9) Burkhardt J. 2000. Agricultural biotechnology and the future benefit argu-

ment. *Journal of Agricultural and Environmental Ethics* 14:135-145.

10) Burkhart J. The GMO debates: Taking ethics seriously (http://www.farmfoundation.org/2001NPPEC/burkhardt.pdf).

11) 보베 J, 뒤프르 F. 2002. 세계는 상품이 아니다. 홍세화(역). 울력. p. 53.

12) Nielsen CP, Robinson S, Thierfelder K. 2001. Genetic engineering and trade: Panacea or dilemma for developing countries. *World Development* 29:1307-1324.

13) Bullock DS, Desquilbet M. 2002. The economics of non-GMO segregation and identity preservation. *Food Policy* 27:81-99.

14) Carr S, Levidow L. 2000. Exploring the links between science, risk, uncertainty, and ethics in regulatory controversies about genetically modified crops. *Journal of Agricultural and Environmental Ethics* 12:29-39.

15) Black I. Europe ready to open the door to labelled GM foods. *The Guardian* (July 2, 2003).

16) Matthee M, Vermersch D. 2000. Are the precautionary principle and the international trade of genetically modified organisms reconcilable? *Journal of Agricultural and Environmental Ethics* 12:59-70.

17) 이채린. GMO식품 둘러싼 논쟁 배경 - 기아에 단비인가, 분쟁의 씨앗인가? 경향신문 (2003년 5월 26일, p. 36).

18) 이신우. 2003. 유전자변형식물의 국내 연구 현황. 식물생명공학회지 30:1-6.

19) 이원홍. 텔레서베이/ "유전자조작 농산물 해로울 것" 73.6%. 동아일보 (2000년 5월 31일, p. 6).

제4장

1) Galston AW, Davies PJ, Satter RL. 1980. The Life of the Green Plant. Prentice Hall, New Jersey. pp. 430-432.
2) Herdt R. 2001. Forword. In Genetically Modified Organisms in Agriculture. Economics and Politics (Nelson G, ed.). Academic Press, San Diego, San Francisco, New York, Boston, London, Sydney and Tokyo. pp xi-xii.
3) 월리스 RA, 샌더스 GP, 펄 RJ. 1993. 생물학:생명의 과학. 이광웅 외(역). 을유문화사. p. 1048.
4) 라페 FM, 콜린스 J, 로젯 P, 에스빠르사 L, 식량과발전정책연구소. 1998. 굶주리는 세계. 허남혁(역). 창비. 2003; 죠지 S. 1977. 세계 식량위기의 구조. 편집부(역). 동녘. 1982.
5) Polkinghorne JC. 2000. Ethical issues in biotechnology. *Trends in Biotechnology* 18:8-10.
6) Chrispeels MJ. 2000. Biotechnology and the poor. *Plant Physiology* 124:3-6.
7) Shiva V. 2001. GMO: A miracle? *In* Genetically Modified Organisms in Agriculture. Economics and Politics (Nelson G ed.), Academic Press, San Diego, San Francisco, New York, Boston, London, Sydney and Tokyo. pp. 191-196.
8) Chrispeels MJ. 2000. Biotechnology and the poor. *Plant Physiology* 124:3-6.
9) Qaim M, Ziberman D. 2003. Yield effects of genetically modified crops in developing countries. *Science* 299:900-902.
10) Thirtle C, Beyers L, Ismael Y, Piesse J. 2003. Can GM-technologies help the poor? The impact of Bt Cotton in Makhathini Flats, KwaZulu-Natal.

World Development 31:717-732.

11) Whitfield J. Transgenic cotton a winner in India. Nature Science Update (February 7, 2003).

12) Shiva V. 2001. GMO: A miracle? In Genetically Modified Organisms in Agriculture. Economics and Politics (Nelson G, ed.). Academic Press, San Diego, San Francisco, New York, Boston, London, Sydney and Tokyo. pp. 191-196.

13) Kimbrel A. 2003. Fatal Harvest: The penultimate myth: Biotechnology will feed the world. The Ecologist 33:58-59.

14) Bunsha D. A can of bollworms. Frontline (December 7, 2001); SC. In the biological trap. The Hindu (June 10, 2003).

15) Probe sought into failure of first Bt cotton crop. The Hindu (April 4, 2003).

16) Whitfield J. Transgenic cotton a winner in India. Nature Science Update (February 7, 2003).

17) Kimbrel A. 2003. Fatal Harvest: The penultimate myth: Biotechnology will feed the world. The Ecologist 33:58-59.

18) Schell J. 1997. Cotton carrying the recombinant insect poison Bt toxin: no case to doubt the benefits of plant biotechnology. Current Opinion in Biotechnology 8:235-236.

19) 이주명. 유전자 조작 농산물 식량난 되레 악화. 한겨레신문 (1999년 5월 12일, p. 11); Bunsha D. A can of bollworms. Frontline (December 7, 2001); SC. In the biological trap. The Hindu (June 10, 2003).

20) 아르헨티나 유전자조작 작물이 오히려 빈곤심화. 시민과학 38호 (2002년 7월).

21) Shiva V. 2001. GMO: A miracle? In Genetically Modified Organisms in

Agriculture. Economics and Politics (Nelson G ed.), Academic Press, San Diego, San Francisco, New York, Boston, London, Sydney and Tokyo. pp. 191-196.

22) Paarlberg RL. 2002. The real threat to GM crops in poor countries: consumer and policy resistance to GM foods in rich countries. *Food Policy* 27:247-250.

23) Nielsen CP, Robinson S, Thierfelder K. 2001. Genetic engineering and trade: Panacea or dilemma for developing countries. *World Development* 29:1307-1324.

제5장

1) 기든스 A. 1993. 현대사회학. 김미숙 외(역). 을유문화사. 1994. p. 57.
2) 한상복, 이문웅, 김광억. 1985. 문화인류학개론. 서울대학교출판부. p. 300.
3) Pray C, Ma D, Huang J, Qiao F. 2001. Impact of Bt Cotton in China. *World Development* 29:813-825.
4) Falck-Zepeda JB, Traxler G, Nelson RG. 2000. Rent creation and distribution from biotechnology innovations: The case of Bt cotton and herbicide-tolerant soybeans in 1997. *Agribusiness* 16:21-32.
5) Playing a genetic roulette. *The Hindu* (April 11, 2000).
6) 송동훈. 제약업계 다시 인수 합병 불붙어. 조선일보 (2003년 2월 12일, p. 36).
7) 미국 생명공학업체 합병. 조선일보 (2003년 6월 25일, p. 36).
8) Harhoff D, Régibeau P, Rockett K. 2001. Some simple economics of GM food. *Economic Policy* 16:263-299.

9) Tansey G. 2002. Patenting our food future: intellectual property rights and the global food system. *Social Policy & Administration* 36:575-592.

10) Maskus KE. 2000. Intellectual property rights in the global economy. Institute for International Economics. pp. 237-238.

11) http://www.ictsd.org/unctad-ictsd/doc/bioblipr.pdf.

12) Tansey G. 2002. Patenting our food future: intellectual property rights and the global food system. *Social Policy & Administration* 36:575-592.

13) http://www.iprcommission.org/documents/Rangnekar_studt.doc.

14) Dahr B. Sui generis systems for plant variety protection: Option under TRIPS, Geneva: Quaker UN Office. (April, 2002).

15) Ganguli P. 2000. Intellectual property rights: mothering innovations to markets. World Patent Information 22:43-52.

16) 김동광. 과학의 사유화, '적색경보' ―기업 이익에 종속돼 공공성 갈수록 퇴색… 대중의 알권리 외면해 위험에 빠뜨리기도. 시민과학 37호 (2002년 5월).

17) Peggs K, Mackinnon S. 2003. Imatinib mesylate-The new gold standard for treatment of chronic myeloid leukemia. The New England Journal of Medicine 348:1048-1050.

18) 송상호. 왜냐면 토론/ 희귀·난치병 환자들 고통은 사회가 함께 분담해야 한다. 한겨레신문 (2003년 2월 27일, p. 18).

19) 노바티스 약값의 불합리성은 2002년 2월 5일, 노바티스 규탄, 글리벡 강제실시 촉구대회에서 발표된 성명서 "노바티스는 생명을 담보로 한 홍정을 중단하고 글리벡 약가를 즉각 인하하라" (글리벡 문제해결과 의약품 공공성 확대를 위한 공동대책위·글리벡 환자 비상대책위).

20) 강제실시권 요구의 당위성에 관해서는 조진호. 생명을 담보한 노바티스의 글리벡 상술. 참여사회 64호 (2002년 3월).

21) 통상실시권 설정의 재정 청구와 기각에 대하여는 황지희. 2003. 비낫도 백혈병환자들에겐 '그림의 떡'. 참여사회 77호: 와 성명서 "환자가 먹을 수 있는 가격으로 글리벡 약값을 결정하라!"(2003년 1월 21일 글리벡 문제해결과 의약품 공공성 확보를 위한 공동대책위원회 · 한국백혈병환우회 · GIST환자모임; 2003년 1월 22일 참여연대 사회복지위원회).
22) 기타 글리벡에 대한 내용은 글리벡 공대위 토론회 자료집 "글리벡, 생명을 위한 약인가? 이윤을 위한 약인가?"(2002년 1월 8일, 글리벡문재해결과 의약품의 공공성 확대를 위한 공동대책위)를 참고.
23) 리프킨 J. 1998. 바이오테크 시대. 전영택, 전병기(역). 민음사. 1999. 427p.
24) Rabino I. 1998. Ethical debates in genetic engineering: U.S. scientists' attitudes on patenting, germ-line research, food labelling, and agribiotech issues. *Politics and Life Sciences* 17:147-163.

제6장

1) 종교집단 라엘리안 시골학교서 인간복제 극비실험. 동아일보 (2001년 8월 14일, p. 12) 기사에서 재구성.
2) 이브와 관련된 여러 가지 반응은 http://www.globalchange.com/eve-clone.htm.
3) 함태경. 첫 복제인간 파문/ 각국전문가들 반응 "가짜 복제일수도…" 국민일보 (2002년 12월 30일, p. 5).
4) 곽민영. "인간복제 증거 왜 못내놓나." 국민일보 (2003년 1월 8일, p. 12).
5) Clarke T. Clonaid machine 'nothing special.' *Nature Science Update*

(February 3, 2003).

6) http://www.bioexchange.com/news/news_page.cfm?id=15613.

7) 시민과학센터. 2001. 인간배아 관리실태 조사 보고-1, 9,225명의 인간 배아, 그들이 사라졌다.

8) 정진황. 생명윤리법안 통과…난치·희귀병 치료 한해 배아복제연구를 허용. 한국일보 (2003년 12월 31일, 6p)

9) Thompson JA, Itskovitz-Eldor J, Shapiro SS, Waknitz MA, Swiergiel JJ, Marshall VS, Jones JM. 1998. Embryonic stem cell lines derived from human blastocysts. Science 282:1145-1147; Shamblott MJ, Axelman J, Wang S, Bugg E M, Littlefield JW, Donovan PJ, Blumenthal PD, Huggins GR, Gearhart JD. 1998. Derivation of pluripotent stem cells from cultured human primordial germ cells. Proceedings of the National Academy of Sciences 95:13726-13731.

10) Kim J-H, Auerbach JM, Rodriguez-Gomez JA, Velasco I, Gavin D, Lumelsky N, Lee S-H, Nguyen J, Sanchez-Pernaute R, Bankiewicz K, McKay R. 2002. Dopamine neurons derived from embryonic stem cells function in an animal model of Parkinson's disease. *Nature* 418:50-56.

11) Pearson H. No stemming the tide. *Nature Science Update* (August 16, 2001).

12) Jiang Y, Jahagirdar BN, Reinhardt RL, Schwartz RE, Keene CD, Ortiz-Gonzalez XR, Reyes M, Lenvik T, Lund T, Blackstad M, Du J, Aldrich S, Lisberg A, Low WC, Largaespada DA, Verfaillie CM. 2002. Pluripotency of mesenchymal stem cells derived from adult marrow. *Nature* 418:41-49.

13) Orlic D, Kajstura J, Chimenti S, Jakoniuk I, Anderson SM, Li B, Pickel J, McKay R, Nadal-Ginard B, Bodine DM. 2001. Bone marrow cells regen-

erate infracted myocardium. *Nature* 410:701-705; Kocher AA, Schuster MD, Szabolcs MJ, Takuma S, Burkhoff D, Wang J, Homma S, Edwards NM, Itescu S. 2001. Neovascularization of ischemic myocardium by human bone-marrow-derived angioblasts prevents cardiomyocyte apoptosis, reduces remodeling and improves cardiac function. *Nature Medicine* 7:430-436.

14) Jackson KA, Mi T, Goodell MA. 1999. Hematopoietic potential of stem cells isolated from murine skeletal muscle. *Proceedings of National Academy of Science of the United States of America* 96:14482-4486.

15) Rietze RL, Valcanis H, Brooker GF, Thomas T, Voss AK, Bartlett PF. 2001. Purification of a pluripotent neural stem cell from the adult mouse brain. *Nature* 412:736-739; Toma JG, Akhavan M, Fernandes KJL, Barnabe-Heider F, Sadikot A, Kaplan DR, Miller FD. 2001. Isolation of multipotent adult stem cells from the dermis of mammalian skin. *Nature Cell Biology* 3:778-784.

16) Terada N, Hamazaki T, Oka M, Hoki M, Mastalerz DM, Nakano Y, Meyer EM, Morel, L, Petersen BF, Scott EW. 2002. Bone marrow cells adopt phenotype of other cells by spontaneous cell fusion. *Nature* 416:542-544; Ying Q-L, Nichols J, Evans E, Smith AG. 2002. Changing potency by spontaneous fusion. *Nature* 416:545-547.

17) Wang X, Willenbring H, Akkari Y, Torimaru Y, Foster M, Al-Dhalimy M, Lagasse E, Finegold M, Olson S, Grompe M. 2003. Cell fusion is the principal source of bone-marrow-derived hepatocytes. *Nature* 422:897-901; Vassilopoulos G, Wang P, Russell DW. 2003. Transplanted bone marrow regenerates liver by cell fusion. *Nature* 422:901-904.

18) Tran SD, Pillemer SR, Dutra A, Barrett AJ, Brownstein MJ, Key S, Pak E,

Leakan RA, Kingman A, Yamada KM, Baum BJ, Mezey E. 2003. Differentiation of human bone marrow-derived cells into buccal epithelial cells in vivo: an analystical study. *Lancet* 361:1084-1088.

19) Tsai RYL, McKay RDG. 2002. A nucleolar mechanism controlling cell proliferation in stem cells and cancer cells. *Genes and Development* 16:2991-3003.

20) 문시영. 2001. 생명복제에서 생명윤리로. 대한기독교서회. pp. 60-69을 주로 참조.

21) Pearson H. Cord blood claims questioned. *Nature Science Update* (February 5, 2003).

22) 김철중. 제대혈(탯줄혈액)의 활용 어디까지 왔나. 조선일보 (2003년 11월 19일, p. 62).

23) 조성겸. 2003. 생명과학 이슈에 대한 전문가 의견조사. KAIST ELSI 연구실.

24) 구영모. 인간 배아 복제에 집착말라. 동아일보 (2002년 10월 7일, p. 6).

제7장

1) 원숭이간 사람이식/미 피츠버그대/부전증환자에 수술. 동아일보 (1992년 6월 29일).

2) Lewis R. 2000. Porcine Possibilities: Can transgenic technology reduce risks of xenotransplants? *The Scientist* 14:1.

3) http://tasteweb.zigum.net/main.html?table=trend.

4) http://www.ppl-therapeutics.com/news/news_2_content_14.asp.

5) Onishi A, Iwamoto M, Akita, Mikawa S, Takeda K, Awata T, Hanada H, Perry, ACF. 2000. Pig cloning by microinjection of fetal fibroblast nuclei.

Science 289, 1188-1190.

6) Polejaeva IA, Chen S-H, Vaught TD, Page RL, Mullins J, Ball S, Dai Y, Boone J, Walker S, Ayares DL, Colman A, Campbell KHS. 2000. Cloned pigs produced by nuclear transfer from adult somatic cells. Nature 407:86-90.

7) Park KW, Cheong HT, Lai L, Im GS, Kuhholzer B, Bonk A, Samuel M, Rieke A, Day BN, Murphy CN, Carter DB, Prather RS. 2001. Production of nuclear transfer-derived swine that express the enhanced green fluorescent protein. Animal Biotechnology 12:173-181.

8) Lai L, Kolber-Simonds D, Park KW, Cheong HT, Greenstein JL, Im GS, Samuel M, Bonk A, Rieke A, Day BN, Murphy CN, Carter DB, Hawley RJ, Prather RS. 2002. Production of alpha-1,3-galactosyltransferase knockout pigs by nuclear transfer cloning. Science 295:1089-1092.

9) Weiss RA, Mangre S, Takeuchi Y. 2000. Infection hazards of xenotransplantation. Journal of Infection 40:21-25.

10) 송경주. 복제돼지, 양보다는 질. 한국일보 (2002년 8월 28일, p. 7).

11) 김선영. [특별기고] '바이오' 간판만 보고 '묻지마' 투자, 기술력 갖춘 국내기업 찾기 힘들어. 조선일보 (2000년 3월 9일, p. 46).

12) 김상연. '생명공학 황금알' 아직은 "진통중" 동아일보 (2002년 8월 19일, p. 21).

13) 김인순. 바이오 벤처 기업들 개점 휴업. 전자신문 (2003년 8월 13일).

제8장

1) 김순덕. 인물 포커스/ 복제소 영롱이 '아빠' 서울대 황우석 교수. 동아일보 (2001년 5월 25일, p. 20).

2) 르윈 R. 2002. 진화의 패턴. 전방욱(역). 사이언스 북스. p. 208.

3) Shin T, Kraemer D, Pryor J, Liu L, Rugila J, Howe L, Buck S, Murphy K, Lyons L, Westhusin M. 2002. A cat cloned by nuclear transplantation. *Nature* 415:859.

4) Bortvin A. 2003. Incomplete reactivation of Oct-4 related genes in mouse embryos cloned from somatic nuclei. *Development* 130: 1673-1680.

5) Resnik DB. 1998. The Ethics of Science. Routledge: London and New York. pp. 114-121.

6) 김철중. [기자수첩] 깜짝쇼식 '연구발표'. 조선일보 (2003년 6월 28일, p. 3).

7) Resnik DB. 1998. The Ethics of Science. Routledge: London and New York. pp. 114-121.

8) 정재철. 2002. 유전자 연구에 관한 한국 신문의 프레임 분석: 사설과 칼럼을 중심으로. 제 2회 ELSI 세미나 자료집 "유전자 연구와 커뮤니케이션" pp. 1-17.

9) 황우석. [시론] '비교우위 과기' 집중 투자를. 조선일보 (2000년 1월 27일, p. 6).

10) 우리나라의 기초과학 투자가 인색하다는 것은 이강윤. 기초과학 투자 선진국 30% 수준. 국민일보 (2002년 4월 26일, p. 27)와 함혜리. 정부 기초연구 투자 인색. 대한매일 (2002년 4월 26일, p. 15).

11) 김병수. 언론을 통해서 본 생명윤리법. 편향적 보도로 사회적 갈등 부추겨. 시민과학 41호 (2002년 11월).

12) 전방욱, 김만재. 2003. 일간신문에 나타난 배아복제 관련 보도 분석. 생명윤리 4: 117-140.

13) 광우병 내성을 지닌 복제소의 과제선정에 관해서는 함혜리. 광우병 걱정없는 소 나온다. 대한매일 (2001년 12월 26일, p. 25). 이미 황우석 교

수는 2001년 2월 8일 여러 신문을 통해서 광우병 내성을 지닌 복제소에 관한 연구를 진행중이라고 밝힌 바 있다.

14) 홍혜걸. "복제는 끈기와 손재주의 싸움이죠"-황우석 서울대 수의대 교수. 중앙일보 (2003년 12월 15일).

15) Resnik DB. 1998. The Ethics of Science. Routledge: London and New York. pp. 114-121.

16) Priest SH. 2001. A Grain of Truth. The Media, the Public, and Biotechnology. Rowman & Littlefield: Lanham, Boulder, New York and Oxford. pp. 7-12.

17) 전방욱·김만재. 2003. 일간신문에 나타난 배아복제 관련 보도 분석. 생명윤리 4:117-140.

18) 김동광. 과학언론을 생각한다. 시민과학 41호 (2002년 11월).

19) 배태섭. 생명윤리법 제정의 시급성에 대한 공감대 형성. '생명윤리및 안전에관한법률' 제정을 위한 공청회 열려. 시민과학 41호 (2002년 11월).

20) 황우석. [시론] 인간 배아 연구하고 싶다. 조선일보 (2001년 11월 30일, p. 7).

21) 황우석. [시론] 생명공학 연구길 넓혀야. 대한매일 (2002년 9월 27일, p. 6).

22) 구영모. 인간배아복제에 집착말라. 동아일보 (2002년 10월 7일, p. 6).

23) 황우석. [시론] 생명공학 연구길 넓혀야. 대한매일 (2002년 9월 27일, p. 6).

24) 김철중. [기자수첩] 깜짝소식 '연구발표.' 조선일보 (2003년 6월 28일, p. 3).

25) Vogel G. Stem cell expert leaves U. S. *Science Now* (July 17, 2001).

26) 안길찬. 규제 덜한 나라로 떠나고 싶다. 뉴스메이커 493호 (2002년 10월

2일).

27) 김동광. 2002. 생명공학계의 대응. 시민과학 41호 (2002년 11월).

28) 최재천. 생명의시작, 그 공허한 논란. 한국일보 (2001년 1월 22일, p. 7); [지식인 사회-이것이 이슈다] (8) 과학시대의 생명윤리/윤리학자 진교훈 對 생물학자 최재천. 조선일보 (2002년 5월 9일, p. 21).

29) 이근영. 생명윤리 시민의식조사 뜯어보면/ '인간개체 복제 안될 말'. 한겨레신문 (2002년 3월 21일, p. 23).

제9장

1) Lewis R. 1995. Life, second edition. Wm C Brown Publishers: Dubuque. pp. 28-29.

2) 김환석. 2002. 과학기술시대의 연구윤리. 과학연구윤리. 당대. p. 13.

3) 생명복제기술 합의회의 시민패널보고 (http://www.unesco.or.kr/cc/citizen-reprt.htm).

4) 고인석. 2001. 연구윤리교육의 필요성. 생명과학 관련 연구윤리 확립방안에 관한 연구. 국가과학기술자문회의. pp. 174-182.

5) 임호준. "복제연구 가이드라인 제정" 학계 "4900명 생명윤리위 구성해 자율 감시." 조선일보 (2002년 12월 31일, p. 30).

6) 송성수. 2001. 과학기술자의 사회적 책임과 윤리. 과학기술정책연구원. p. 32.

7) 송성수. 2001. 과학기술자의 사회적 책임과 윤리. 과학기술정책연구원. p 30.

8) Resnick DB. 1998. The Ethics of Science. An Introduction. London: Routledge.

9) 구영모. "생명윤리법 제정 급하다." 문화일보 (2002년 12월 30일).

10) Polkinghorne JC. 2000. Ethical issues in biotechnology. *Trends in Biotechnology* 18:8-10.
11) 김환석. 우리나라 합의회의 추진과정에서 나타났던 문제점 (2). 시민과학 2호 (1998년 12월).
12) 송성수. 2001. 과학기술자의 사회적 책임과 윤리. 과학기술정책연구원. p. 32.

찾아보기

3원 이종복제 207
PPL세러퓨틱스 186-188, 191,192, 194
간충직줄기세포 167
강제실시권 143, 144, 256
결과주의적 논쟁 80
경제조류재단 146
골수 139, 167-169, 170-173
공동체 지식 134, 138
과학・기술・생태연구재단 109
광우병 212, 213, 216
교차수분 24, 25, 27, 29
국가생명윤리자문위원회 223
국제옥수수밀개선센터 24, 32
그린피스 23, 32, 45, 112
근육세포 168, 170
근육줄기세포 170
기아 33, 34, 79, 97, 100, 101, 104, 106, 107, 110-113
기초과학 214, 215, 230
내부고발자 59-61, 241
노바티스 32, 34-38, 139-144
녹색혁명 51, 97-99, 106, 123
녹아웃 187, 188
농노제 125
농생명공학기술 획득을 위한 국제 서비스 33
농수산물유통공사 89
뉴클레오스테민 174, 175
다국적 기업 32, 105, 144, 145, 241
대리모 154, 158, 162, 186, 187, 189, 190, 205, 206, 208, 209, 216, 217
대체 장기 185
델타 앤드 파인 랜드 122
도파민 165
듀퐁 32, 34
등록상표법 134

라벨링 79, 82, 86, 88, 90
라엘리언 152-154
락토페린 200
먹이사슬 26, 99
면역거부반응 164, 167, 185, 186, 188, 191
멸종 64, 205, 207, 210
몬산토 32, 47, 78, 104, 105, 108, 122, 124
무역 관련 지적재산권에 관한 협정Trips 130, 143, 144
미국립보건원 142, 146-148, 173
미국 환경청 57, 64
미토콘드리아 208
바실러스 서링기엔시스 *Bacillus thuringiensis* (Bt) 26, 52, 64, 65, 75, 105, 109-112, 121, 122
바이오 벤처 161, 194, 197, 202
배반포기 164, 205, 222
배아세포융합기 160
배아줄기세포 164-167, 169, 171, 174, 219
백혈구 증식 단백질 200
변형유전자 23-30, 37, 39, 40, 45, 48, 75, 81, 93, 123
복사방지법 134
복제돼지 185-197, 204
복제배아 156, 162, 205, 208, 209
부양 능력 101, 102
북미반살충제네트워크 37
북미자유무역협정 32, 45
분배 102-105, 107, 135-137, 139
불임종자 123
비의도적 혼입 허용치 93
상실배 164
생명복제기술합의회의 233
생명윤리 162, 164, 211, 218, 220-224, 231, 233-238
생명윤리 및 안전에 관한 법률안(생명윤리관련법) 164, 218, 223, 237
생물다양성 51, 59, 113, 114, 123, 126, 130, 134
생물다양성협약CBD 130, 134

선행기술 133
섬유아세포 186, 208
성상체 166
세계무역기구WTO 91, 143, 144
세계식량계획WFP 33
세미니스 32
소비자 권리 78, 83
수정란 54, 158, 163, 164, 177, 186, 187, 189, 206-209
수퍼 잡초 26, 79
수핵난자 158
시민패널 233, 240
식물 신품종 보호에 관한 국제조약UPOV 130, 131
식물 재배자 권리PBRs 130-132
식품의약품안전청 92
신경교세포 171
신뢰 40, 50, 51, 58, 65, 66, 68, 69, 82, 88, 124, 155, 199, 210, 217, 221, 226
신젠타 32, 34, 35
신화 96, 100, 121, 207
실용신안특허 134
실질적 동등성 73, 74, 77, 78
심장마비 168, 169
쓰레기 DNA 28
쓰레기 과학 53
아스트라제네카 34, 127
안전성 34, 44, 53, 54, 56, 59, 61, 65, 68, 72-76, 80, 92, 115, 128, 200
알레르기 26, 73, 74, 78, 79
애그바이오월드 45-47
에리스로포이에틴 190, 193, 194
역중합효소연쇄반응iPCR 25, 28
연구윤리 235, 238
영양세포층 164

예방 원리 90, 91
위험성 26, 48, 53, 54, 57-59, 62-66, 68, 69, 79, 80, 90, 91, 105, 115, 116, 124, 127, 129, 139, 174, 210, 217, 218, 225, 233, 241
유전자 비변형 85-89, 115, 116
유전자 적중법 186
유전자 풀gene pool 25
유전자감시운동 44
유전자원사례재단 136
유전자행동 109
의료윤리 238
이종간 교잡 222, 237
이종간 복제 181, 208
이종이식 188
인간복제 152, 153, 155-160, 162-164, 167, 177, 178, 221, 232
인구 증가 67, 101, 102
인수 합병 32, 127
일괄특허화 130
임상시험 75, 76, 139
임신중절 176
잡종세포 172
전기융합 160
전능성 164-166
전문가패널 240
제초제 저항성 33, 100, 104, 109, 116
조혈촉진제 190, 193
종자은행 24
주란강 158
지역표시제 134
지적재산권 32, 122, 128-131, 138, 141, 143, 144, 147, 199
참여과학자연합 65, 68
창의성 133, 134, 138, 139
책임 있는 연구를 촉구하는 학생들 35, 36

체세포 복제 기술 163, 164
치료림보존재단 137
클러스터링 130
클로네이드 153-163
탈핵 158
탯줄혈액(제대혈) 179-182
터미네이터 기술 110, 123, 124, 128
통상전쟁 124
특허 35, 36, 110, 123, 125, 128-137, 143-148,
     194, 199, 201, 202, 213, 215, 217, 231
파마시아 34, 127
파킨슨씨 병 165, 166, 180
푸드 퍼스트 45, 46
프리온 212
합의회의 60, 239, 240
해충 저항성 33, 34, 75, 100, 104, 111, 121
혈액줄기세포 170
혈청기아배양 158
형질전환 190, 191, 193-197, 200, 212
호랑이 204-210
황금쌀 34, 101
희소돌기아교세포 166

국립중앙도서관 출판시도서목록(CIP)

수상한 과학
전방욱 지음 － 서울 : 풀빛, 2004
p. ;   cm

ISBN 89-7474-892-4 03470 : ₩12000

570.6-KDC4

660.6-DDC21   CIP2004000072

수상한 과학

초판 인쇄 2004년 1월 26일
초판 발행 2004년 1월 30일

지은이   전방욱
펴낸이   홍석
편집진행 류현영
디자인   김정은
마케팅   양정수 · 김명희

펴낸곳   도서출판 풀빛
등 록   1979년 3월 6일 제 8-24호
주 소   120-818 서울특별시 서대문구 북아현3동 177-5
전 화   02-363-5995(영업), 02-362-8900(편집)
팩 스   02-393-3858
homepage www.pulbit.co.kr

값 12,000원

ⓒ 전방욱, 2004

ISBN 89-7474-892-4 03470

*저자와 협의하여 인지는 생략합니다.
*잘못된 책은 바꾸어 드립니다.